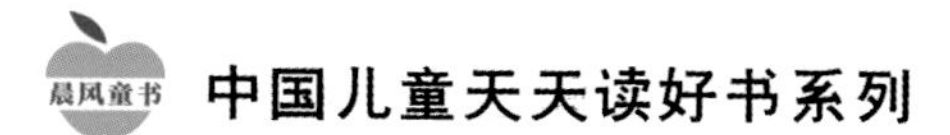

图解海洋小百科

中国人口出版社
China Population Publishing House
全国百佳出版单位

编者的话

孩子从呱呱坠地时起，就对整个世界充满了好奇，当孩子对这个五彩缤纷的世界睁大好奇的眼睛时，他们的心里充满了求知和探索的欲望。

我们这套小百科分为宇宙、地球、恐龙、海洋、动物和汽车六个主题，是专门为孩子编写的百科全书。

丛书内容丰富，图画精美，极具知识性和趣味性，深入浅出地介绍了孩子们最好奇领域的知识，不仅能开阔视野，激发学习和探索的兴趣，更能启迪心灵。相信孩子们一定能够找到自己感兴趣的知识，并在它的伴随下，度过快乐的童年时光。

目录

海洋生物

海上活动

航海史

海

海是大洋的边缘部分，面积占海洋总面积的11%，深度一般小于2000~3000米。按所处位置的不同，可以分为边缘海、地中海和内陆海。水文特征兼受大洋和大陆的双重影响，有明显的季节变化，水色低，透明度小，没有独立的潮汐和海流系统。因为有许多陆上河流注入，盐度较低，一般在32以下；在淡水注入量小、蒸发量大的海区，盐度较高。沉积物多为泥沙等陆源物质。

海水

小知识 如果把海水中的盐全部提取出来平铺在陆地上，陆地的高度可以增加153米。

海水是一种存在于广阔海洋中的特殊天然水，是海洋的主体和海洋科学研究的物质基础。占地球水量的97.2%，溶解有复杂的化学物质。除氢和氧外，每升海水中含量在1毫克以上的元素还有11种，称“海水常量元素”。海水中还含有各种盐，因此，海水喝起来就又咸又苦了。

知识拓展

海水微量元素中的磷、氮、硅等“营养盐类”，含量虽少，但变化极大，对海洋生物的生长具有重要意义，因此，又被称为“海水营养元素”。

潮汐

小知识 多数海域发生潮汐的平均周期一般为12时25分。

凡是到过海边的人，都会看到海水有一种周期性的涨落现象：到了一定时间，海水会上涨；过一段时间后，上涨的海水又自行退去，留下一片沙滩，这就是海洋上的潮汐。海洋潮汐是由于月球和太阳引潮力的作用或因大洋潮波传入，海面发生周期性涨落的现象。白天的称为“潮”，夜间的称为“汐”。

海水一涨一落，蕴藏着巨大的能量。

• 知识拓展 •

由于月球和太阳引潮力分别可使海面升高0.563米和0.246米，两者合计，潮汐的最大上升幅度约0.8米。但因地形等因素影响，潮差可达7~8米，甚至十几米。

边缘海

小知识 中国最大的边缘海是南海，南海也是世界第二大海。

biān yuán hǎi jiǎn chēng yuán hǎi huò biān hǎi wèi
边缘海简称“缘海”或“边海”，位
yú dà lù biān yuán yí cè yǐ dà lù wéi jiè lìng yí cè yǐ bàn
于大陆边缘，一侧以大陆为界，另一侧以半
dǎo dǎo yǔ huò qún dǎo yǔ dà yáng fēn gé shuǐ liú jiāo huàn tōng
岛、岛屿或群岛与大洋分隔，水流交换通
chàng rú zhōng guó de dōng hǎi jiù shì yí gè bǐ jiào kāi kuò de diǎn xíng
畅。如中国的东海就是一个比较开阔的典型
de biān yuán hǎi huáng hǎi nán hǎi yǐ jí wèi yú tài píng yáng xī běi
的边缘海，黄海、南海以及位于太平洋西北
bù de è huò cì kè hǎi děng yě shǔ yú biān yuán hǎi
部的鄂霍次克海等也属于边缘海。

· 知识拓展 ·

边缘海按主轴方向分为纵边缘海和横边缘海。主轴方向平行于附近陆地的主断层线，为纵边缘海。主轴线与断层线大体上呈直角，为横边缘海。

内陆海

小知识 中国最大的内陆海是渤海。

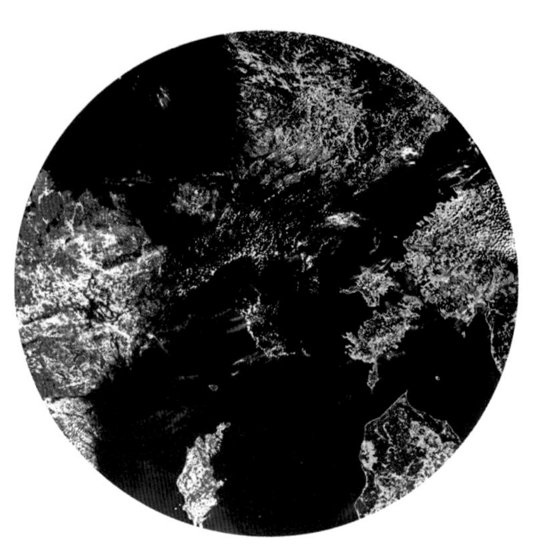

内陆海是自然地理概念上的内海，它是深入大陆内部的海，被大陆或岛屿、群岛所包围，仅通过狭窄水道与大洋相通。内陆海的面积不大，海水较浅，其水文特征受周围大陆的影响较大。如波罗的海和中国的渤海就属于内陆海。

• 知识拓展 •

中国最大的内陆海——渤海面积7.72万平方千米，平均深度约18米，最大深度70米，三面被陆地环抱，像一个斜置的葫芦，仅东面有出口。

地中海

小知识 最小的地中海是土耳其海峡中的马尔马拉海。

地中海也称陆间海，在海洋学上，是指处于几个大陆之间的海，面积和深度都比较大，通过海峡与毗邻的海区或大洋相通。如欧洲、亚洲、非洲之间的地中海，安的列斯群岛、中美和南美大陆之间的加勒比海。

• 知识拓展 •

位于欧、亚、非洲之间的地中海，东西长约4000千米，南北宽约1800千米，面积251万平方千米，平均深1500千米，最深5121米。

大陆架

小知识 大陆架的浅海区是海洋植物和海洋动物生长发育的良好场所。

大陆架又称“陆棚”、“大陆棚”，是环绕大陆，以低潮水位到海底坡度急剧增大的深处之间的区域，是大陆边缘在海面以下自然延续的平缓部分。一般坡度不超过2°，深度不超过200米。大陆岸外一般均有大陆架发育，宽度最大可达1100千米。

我国东海大陆架与黄海大陆架连成一片，是世界上最广阔的大陆架区之一。

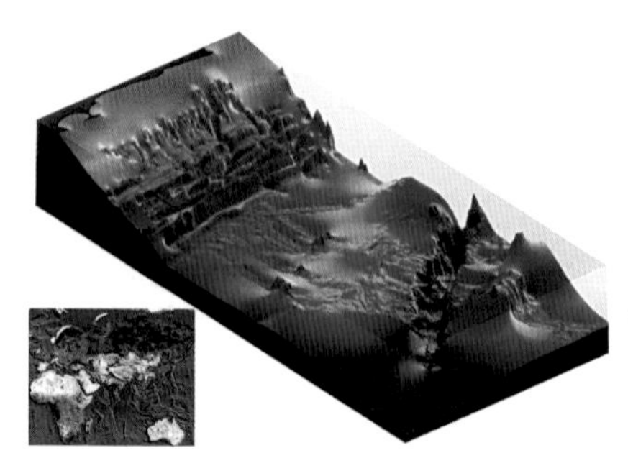

大陆架海域水产资源丰富，地层中蕴含着丰富的石油、天然气、煤、铁、铜、铝等矿产资源。

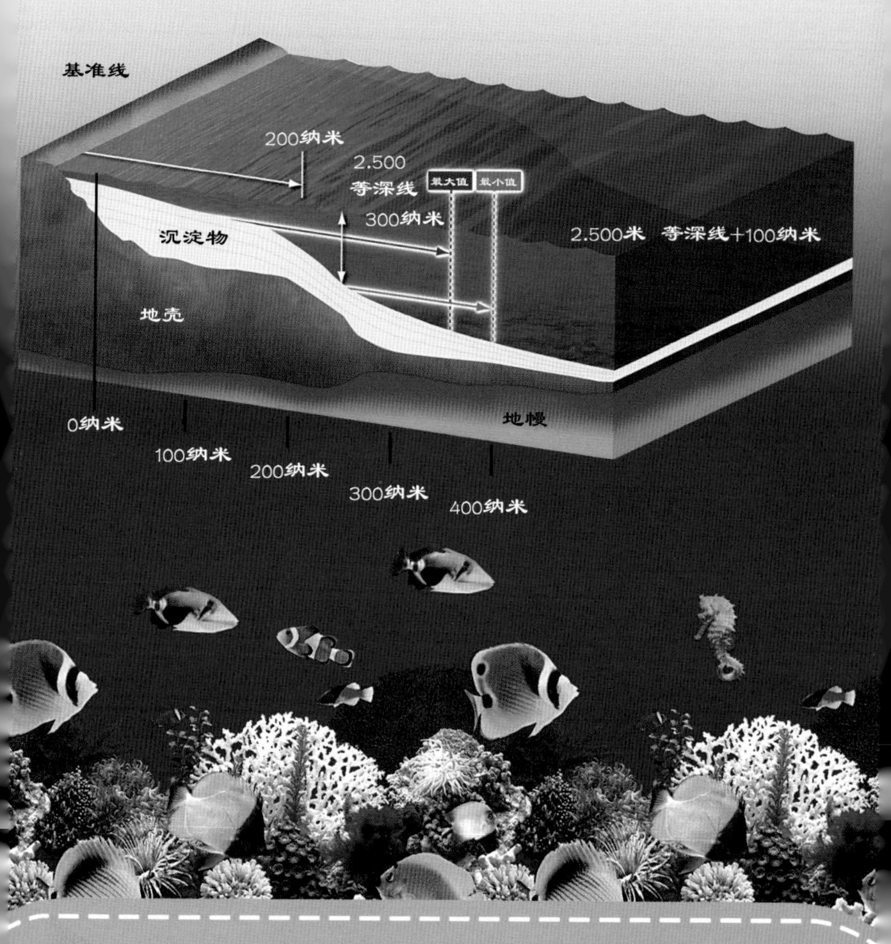

• 知识拓展 •

大陆架是地壳运动或海浪冲刷的结果。地壳的升降运动使陆地下沉，淹没在水下，形成大陆架；海水冲击海岸，产生海蚀平台，淹没在水下，也能形成大陆架。

阿拉伯海

小知识 阿拉伯海与波斯湾和红海相通，是联系亚、欧、非三洲海上交通的重要水域。

阿拉伯海是印度洋西北部的边缘海。位于亚洲南部的印度半岛和阿拉伯半岛之间，向北延伸成为阿曼湾和波斯湾，向西经亚丁湾通红海。沿岸大陆架有相当丰富的油气储藏，生物资源也较丰富。沿岸主要港口有孟买、卡拉奇、亚丁和吉布提等。

• 知识拓展 •

阿拉伯海面积约为386万平方千米，平均深2734米，最深5203米。海底为平坦宽广的海盆。表层水温24~30℃，盐度在35以上。

加勒比海

小知识 加勒比海是以印第安人部族命名的，加勒比的意思是“勇敢者”。

加勒比海是大西洋的属海，在大、小安的列斯群岛和中美洲、南美洲大陆之间，西北以尤卡坦海峡与墨西哥湾相通，有“美洲地中海”之称。东西长约2800千米，南北宽1400千米，面积275.4万平方千米，平均深度2490米。水产资源丰富，盛产金枪鱼、海龟、沙丁鱼等。

在国际航运中，加勒比海是南、北美洲许多重要航线的必经之路。

• 知识拓展 •

加勒比海是沿岸国最多的大海，在全世界50多个海中，沿岸国数量达到两位数的只有地中海和加勒比海。地中海有17个沿岸国，而加勒比海却有20个。

死海

小知识 由于死海中含盐量高，盐水比重大，所以人在水中不会下沉。

死海湖水盐度高达300~332。氯化物储量在420亿吨以上，并有溴化镁。可以提炼各种盐类。

sǐ hǎi shì yí gè nèi lù yán
死海是一个内陆盐
hú wèi yú bā lè sī tǎn hé yuē dàn
湖，位于巴勒斯坦和约旦
zhī jiān de xī yà liè gǔ zhōng hú miàn
之间的西亚裂谷中，湖面
dī yú dì zhōng hǎi hǎi miàn mǐ
低于地中海海面398米，
shì shì jiè lù dì zuì dī diǎn sǐ hǎi
是世界陆地最低点。死海
de píng jūn yán dù shì hǎi shuǐ de
的平均盐度是海水的7~10
bèi zài hán yán liàng rú cǐ gāo de shuǐ
倍，在含盐量如此高的水
zhōng shēng wù jí nán shēng cún suǒ yǐ
中，生物极难生存，所以
sǐ hǎi zhōng jì méi yǒu yú xiā děng dòng
死海中既没有鱼虾等动
wù yě méi yǒu zhí wù shèn zhì lián
物，也没有植物，甚至连
hú de sì zhōu yě bù shēngzhǎng zhí wù
湖的四周也不生长植物，
sǐ hǎi yě jiù yīn cǐ ér dé míng
死海也就因此而得名。

• 知识拓展 •

死海南北长80千米，东西宽4.8~17.7千米，面积1020平方千米，平均深300米，最深395米。有约旦河等注入。气候炎热，蒸发强烈。

黑海

小知识 黑海沿岸的克里米亚半岛是著名的旅游、疗养胜地。

黑海位于欧洲的巴尔干半岛和西亚的小亚细亚半岛之间，乘船在黑海上航行，见到的都是青褐色的海水，海区内显得毫无生气，死气沉沉。

黑海的含盐度比地中海低，但水位却比地中海高，所以黑海表层比较淡的海水通过土耳其海峡流向地中海，而地中海又咸又重的海水从海峡底部流向黑海，深层海水中缺乏氧气，好像一潭死水，鱼类也很少。

知识拓展

黑海面积42万平方千米，平均水深1315米，南部最深处2212米。海水循环不畅，含大量硫化氢，颜色深黝，故名“黑海”。

红海

小知识 红海海底有许多裂缝，涌出大量滚烫的岩浆，加热了周围的海水。

hóng hǎi shì yìn dù yáng xī běi de cháng xíng nèi hǎi sū yī shì
红海是印度洋西北的长形内海，苏伊士
yùn hé lián jiē sū yī shì wān hé běi miàn de dì zhōng hǎi shǐ hóng hǎi
运河连接苏伊士湾和北面的地中海，使红海
chéng wéi ōu zhōu yà zhōu jiān de jiāo tōng yào dào yóu yú fú yóu yú
成为欧洲、亚洲间的交通要道。由于浮游于
hǎi miàn de wēi shēng wù qún hé sǐ hòu de hǎi zǎo chéng hóng hè sè yīn
海面的微生物群和死后的海藻呈红褐色，因
cǐ nà lǐ de hǎi shuǐ kàn qǐ lái shì hóng zōng sè de hóng hǎi yīn cǐ
此那里的海水看起来是红棕色的，红海因此
dé míng hóng hǎi de hán yán dù zài zuǒ yòu jū shì jiè zhī shǒu
得名。红海的含盐度在41左右，居世界之首。

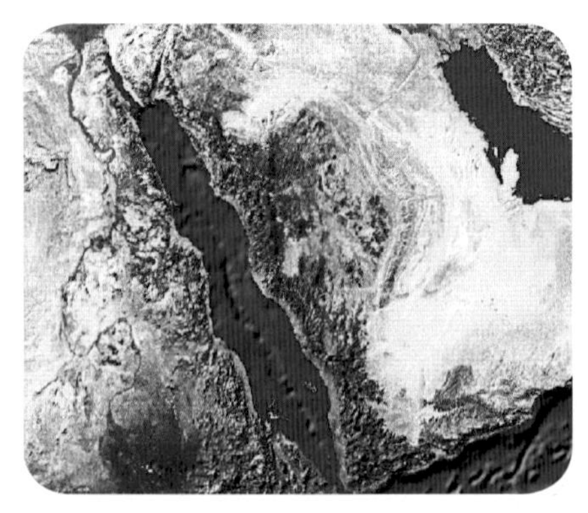

红海是世界上水温最高的海域，也是世界上最咸的海。

hóng hǎi zuì tè yì
红海最特异
de dì fang mò guò yú tā de
的地方莫过于它的
rè le dì qiú hǎi
“热”了。地球海
yáng biǎo miàn de nián píng jūn shuǐ
洋表面的年平均水
wēn shì ér hóng hǎi
温是17℃，而红海
de biǎo miàn shuǐ wēn yuè fèn
的表面水温8月份
kě dá
可达27℃~32℃。

• 知识拓展 •

红海长2100千米，最宽处306千米，面积约45万平方千米，平均深558米，中部最深达3040米。海底为含有铁、锌、铜、铅、金的软泥。

爱琴海

小知识 爱琴海沿岸是希腊早期文明的摇篮。克里特岛是古代地中海爱琴文明的发源地之一。

爱琴海是地中海东部海域，位于希腊和土耳其之间，东北以达达尼尔海峡、马尔马拉海、博斯普鲁斯海峡通黑海。面积21.4万平方千米。平均深570米，克里特岛以东最深处3543米，盐度36~39。

爱琴海沿岸港口众多，主要有塞萨洛尼基、比雷埃夫斯、伊兹密尔等。

因岛屿星罗棋布，爱琴海又有“多岛海”之称。

• 知识拓展 •

爱琴海的海岸线非常曲折，港湾众多，岛屿星罗棋布。相邻岛屿之间的距离很短，站在一个岛上，可以把对面的海岛看得清清楚楚。

大堡礁

小知识 大堡礁是澳大利亚大陆的天然屏障。

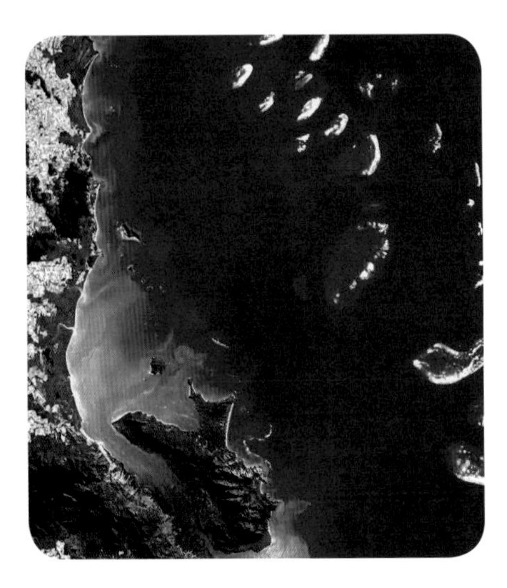

大约6000多种珊瑚、鱼类和一些濒临灭绝的动物栖息在大堡礁。

大堡礁是世界上最大、最长的珊瑚礁群，是世界七大自然景观之一，也是澳大利亚人最引以为自豪的天然景观。大堡礁又称为“透明清澈的海中野生王国”。

大堡礁自然条件适宜，无大风大浪，在这里，不同的月份能看到不同的水生珍稀动物。

• 知识拓展 •

大堡礁北自托雷斯海峡，南到南回归线以南附近，绵延约2000千米，最宽处240千米，最窄处仅19.2千米，面积20.7万平方千米。

伯利兹礁

小知识 伯利兹礁沿岸生长着红树林，可以防风护岸，为生活在这里的鱼类提供良好的生存环境。

伯利兹礁是包括海龟、海牛和美洲湾鳄在内的濒危物种的重要栖息地。

伯利兹礁位于北美国家伯利兹以东，距海岸线约20千米的加勒比海上，是北半球最大的珊瑚礁群，世界第二大珊瑚礁群。由特内夫群岛、莱特豪斯礁、格洛弗礁三大环礁组成。伯利兹礁地处热带海域，海水清澈透明，是潜水爱好者的天堂。在莱特豪斯礁，有著名的奇观——圆形珊瑚礁“蓝洞”。

• 知识拓展 •

蓝洞所在位置曾是一个巨大岩洞，多孔疏松的石灰质穹顶因重力及地震等原因而很巧合地坍塌出一个近乎完美的圆形开口，成为敞开的竖井。

海滩

小知识 巴西的里约热内卢海滩是世界上最著名的海滩之一。

夏威夷位于火奴鲁鲁岛上，其海滩是度假的好去处。

海滩沿海岸分布，是由松散泥沙或砾石、生物壳堆积而成的海滨滩地。一般分布在平均低潮线以上，与波浪作用，向上延伸到组成物质或地形有显著变化的地带，即高潮线处，也称潮间带或海滨。

海滩大小不一，形状各异，沙色或白或金，或黑或红，异常美丽。按组成物质颗粒的大小，海滩可分为砾滩、沙滩、泥滩和珊瑚滩等。

• 知识拓展 •

海滩是波浪及其派生的沿岸水流综合作用的产物。外海波浪传入近岸，波锋变陡、波谷变缓，向岸进流速度通常大于离岸回流速度，导致底部泥沙向岸搬运。

海岸

小知识 中国海岸线总长度3.2万千米，其中大陆海岸线1.8万千米，岛屿海岸线1.4万千米。

为抵御风暴潮侵袭，防止海水淹没和波浪、水流侵蚀岸滩，保护沿海城镇、农村等，人们实施了一系列海岸防护工程。

海岸是邻接海洋边缘的陆地，和海滩、海滨等构成海岸带。海岸蕴藏着丰富的生物、矿产等自然资源。在潮汐和波浪等因素的作用下，海岸几乎每天都在发生着变化。海岸是人类繁衍、生活、从事劳动和生产的重要地区。

• 知识拓展 •

海岸线是海水面与陆地接触的分界线。受海浪冲击和侵蚀，位置随海水的涨落而变动，因海陆分布的变化而改变。

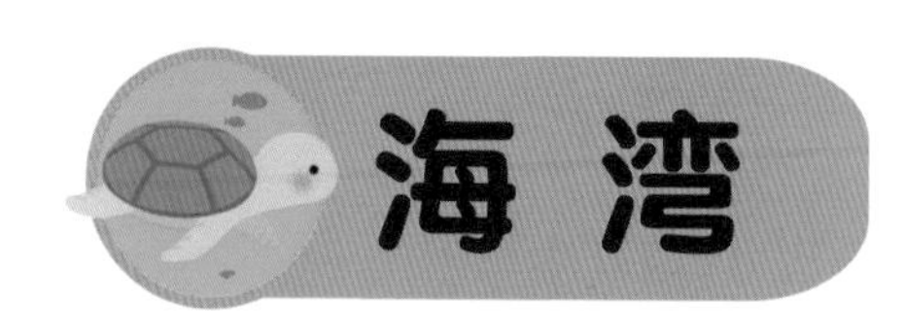

海湾

小知识 世界上大小海湾有很多，主要分布于北美洲、欧洲和亚洲沿岸。

hǎi wān shì yí
海湾是一
piàn sān miàn huán lù de
片三面环陆的
hǎi yáng lìng yí miàn
海洋，另一面
wéi hǎi yǒu xíng
为海，有U形
jí yuán hú xíng děng
及圆弧形等，
tōng cháng yǐ wān kǒu fù jìn liǎng gè duì yìng hǎi jiǎo de lián xiàn zuò wéi hǎi
通常以湾口附近两个对应海角的连线作为海
wān zuì wài bù de fēn jiè xiàn
湾最外部的分界线。

shì jiè shang mian jī chāo guò wàn píng fāng qiān mǐ de dà hǎi
世界上面积超过100万平方千米的大海
wān gòng yǒu gè jí yìn dù yáng dōng běi bù de mèng jiā lā wān měi
湾共有5个，即印度洋东北部的孟加拉湾，美
guó nán bù de mò xī gē wān fēi zhōu zhōng bù xī àn de jǐ nèi yà
国南部的墨西哥湾，非洲中部西岸的几内亚
wān tài píng yáng běi bù de ā lā sī jiā wān hé jiā ná dà dōng běi
湾，太平洋北部的阿拉斯加湾和加拿大东北
bù de hā dé sūn wān
部的哈得孙湾。

• 知识拓展 •

海湾的形状各式各样，有的深入陆地；有的则比较平直宽阔；有的海湾周围被陆地紧紧包围，只有一个小口与外海相连；有的与大海融为一体。

哈得孙湾

小知识 哈得孙湾盐度随深度递增，深处可达31。

哈得孙湾位于加拿大东北部，面积约82万平方千米。其名称来自于亨利·哈得孙（Henry Hudson）——一名于1609年来自荷兰西印度公司代表的名字——他曾经带领探险团队找寻欧洲通往太平洋的“西北通道”。哈得孙湾向北与北冰洋相接，伸入北美洲大陆，因地处高纬度，深居内陆，所以气候严寒。因纽特人居住在东、西岸，以狩猎和捕鱼为生。

哈得孙湾的成因主要是因为冰川侵蚀。

知识拓展

哈得孙湾平均深度约为100米，最大深度达274米。加拿大中部和东北部地区河流汇注于此。10月至次年7月封冻。产鳕鱼、鲑鱼。

波斯湾

小知识 波斯湾不仅盛产石油，而且还是海上交通要道，沿岸有阿巴丹、科威特港等著名港口。

bō sī wān wèi yú ā lā bó bàn dǎo hé yī lǎng gāo yuán zhī
波斯湾位于阿拉伯半岛和伊朗高原之
jiān yě chēng hǎi wān wān dǐ yǔ yán àn wéi shì jiè shang shí yóu yùn
间，也称海湾。湾底与沿岸为世界上石油蕴
cáng zuì duō de dì qū zhī yī
藏最多的地区之一。

hǎi wān dì qū wéi shì jiè zuì dà shí yóu chǎn dì hé gōng yìng
海湾地区为世界最大石油产地和供应
dì yǐ tàn míng shí yóu chǔ liàng zhàn quán shì jiè zǒng chǔ liàng de yí bàn
地，已探明石油储量占全世界总储量的一半
yǐ shàng nián chǎn liàng zhàn quán shì jiè zǒng chǎn liàng de sān fēn zhī yī
以上，年产量占全世界总产量的三分之一。
suǒ chǎn shí yóu
所产石油，
jīng huò ěr mù zī
经霍尔木兹
hǎi xiá yùn wǎng shì
海峡运往世
jiè gè dì sù
界各地，素
yǒu shí yóu bǎo
有“石油宝
kù zhī chēng
库”之称。

波斯湾内有众多岛屿，大多为珊瑚礁所环绕。

• 知识拓展 •

波斯湾长970多千米，宽56~338千米，面积21.4万平方千米。因受河流泥沙填积，海湾深度不大，平均深40米，最深120米。

孟加拉湾

小知识 1970年，孟加拉湾发生特大风暴，造成孟加拉国30万人死亡。

孟加拉湾是世界最大的海湾，位于印度半岛、中南半岛、安达曼群岛和尼科巴群岛之间，有恒河、布拉马普特拉河等河流注入。面积217.2万平方千米，平均深2586米，最深处5258米。孟加拉湾是热带风暴孕育的地方。风暴多发生于西南季风爆发期的5~6月和衰退期的9~11月，而在西南风盛行的7~8月则很少出现。

知识拓展

孟加拉湾表层水温25~27℃，盐度30~34。孟加拉国就在它的北岸。沿岸还有印度的加尔各答、金奈和孟加拉国的吉大港等重要港口。

墨西哥湾

小知识 墨西哥湾是世界潮汐最小海域之一。

mò xī gē wān shì
墨西哥湾是
běi měi zhōu dōng nán dà hǎi
北美洲东南大海
wān dà bù wéi měi guó
湾。大部为美国
hé mò xī gē lǐng tǔ huán
和墨西哥领土环
bào gǔ bā dǎo jū wān
抱。古巴岛居湾
kǒu zhōng bù yǐ fó luó
口中部，以佛罗
lǐ dá hǎi xiá hé yóu kǎ tǎn hǎi xiá fēn bié tóng dà xī yáng hé jiā lè
里达海峡和尤卡坦海峡分别同大西洋和加勒
bǐ hǎi xiāng tōng miàn jī wàn píng fāng qiān mǐ píng jūn shēn
比海相通。面积154.3万平方千米，平均深
mǐ zuì shēn dá mǐ xià mò qiū chū duō jù fēng
1512米，最深达5203米。夏末秋初多飓风，
dà lù jià kuān guǎng fù cáng shí yóu tiān rán qì hé liú huáng shì
大陆架宽广，富藏石油、天然气和硫黄，是
zhòng yào yú chǎng zhǔ yào chǎn bǐ mù yú fēi yú zī yú
重要渔场，主要产比目鱼、鲱鱼、鲻鱼、
xiā mǔ lì děng
虾、牡蛎等。

• 知识拓展 •

墨西哥湾沿岸曲折多湾，岸边多沼泽、浅滩和红树林。北岸有著名的密西西比河流入，把大量泥沙带进海湾，形成了巨大的河口三角洲。

几内亚湾

小知识 几内亚湾沿岸是非洲可可、咖啡、油棕和天然橡胶四大热带经济作物的主要产区。

几内亚湾是西非沿岸大西洋的一部分，位于利比里亚帕尔马斯角同加蓬洛佩斯角之间。几内亚海盆最深，达6363米。有许多火山岛，如比奥科、圣多美、普林西比岛等。

几内亚湾沿岸多浅滩、潟湖和茂密的红树林。气候湿热，水温25℃左右。盐度34~35，近岸处有尼日尔河、沃尔特河等大河注入，盐度减为30。

知识拓展

几内亚湾的面积为153万平方千米，仅次于孟加拉湾和墨西哥湾，是世界第三大海湾。

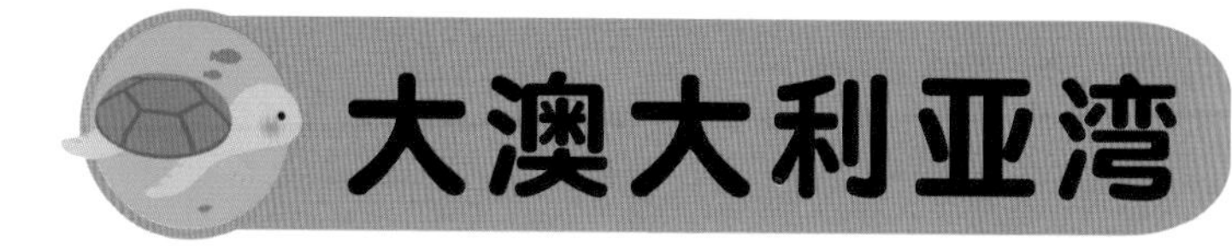

大澳大利亚湾

小知识 大澳大利亚湾沿岸以多风暴著称。

大澳大利亚湾是印度洋的一部分，位于澳大利亚南岸。大澳大利亚湾是凹入内陆的大海湾，东西长1158千米，南北宽80~354千米，近岸水浅，最深处可达5600余米。

大澳大利亚湾海岸线较平直，有连绵不断的悬崖，海湾内的林肯港是大澳大利亚湾的主要港口。

• 知识拓展 •

大澳大利亚湾处于冬季西风带的控制之下，素以风大浪高闻名，船舶难以停泊，只有东岸的斯潘塞湾风浪较小，能安全停泊。

海峡

小知识 莫桑比克海峡是世界上最长的海峡，全长1670千米。

海峡是连接两个海或洋的狭窄水道，是地壳运动造成的。地壳运动时，临近海洋的陆地断裂下沉，出现一片凹陷的深沟，被海水淹没，把大陆与邻近的海岛，或相邻的两块大陆分开，从而形成海峡。

海峡的地理位置特别重要，不仅是交通要道，而且历来是兵家必争之地。因此，人们常把它称为“海上走廊”、“黄金水道”。

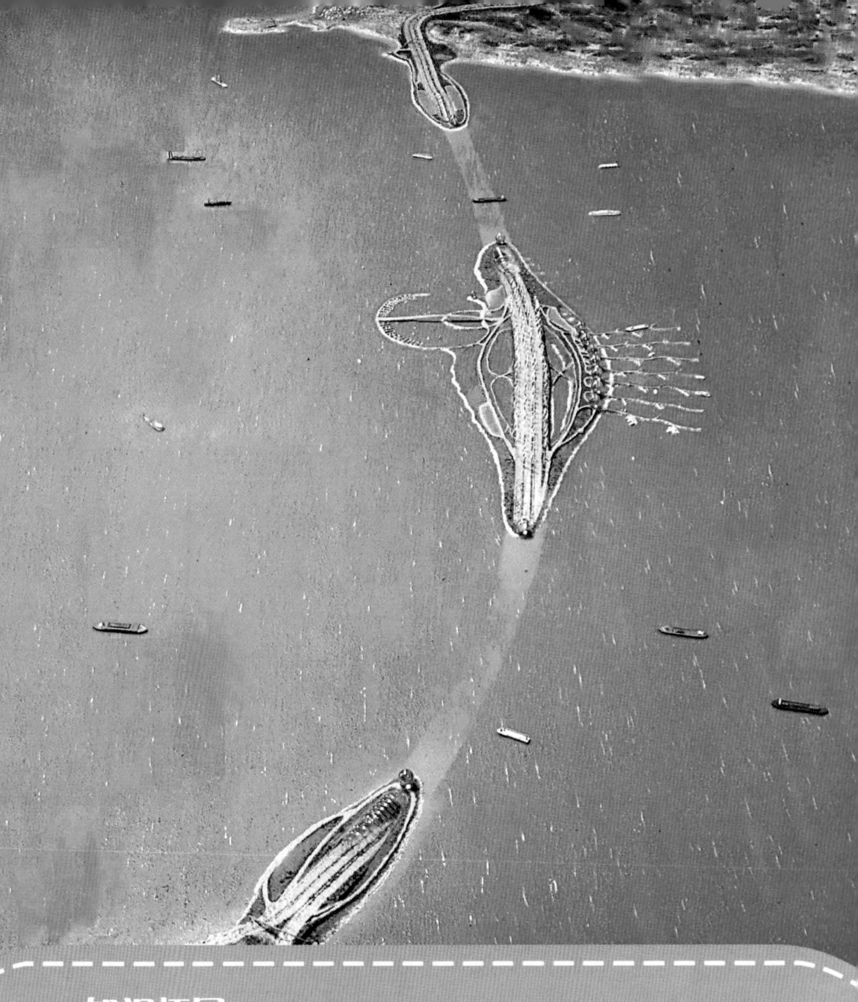

• 知识拓展 •

通过海峡的水流湍急，水上层与下层的温度、盐度、水色及透明度都不一样。海底多为岩石和砂砾，几乎没有细小的沉积物。

马六甲海峡

小知识 马六甲海峡东端有世界大港新加坡，海运繁忙。

在亚洲的马来半岛和印度尼西亚的苏门答腊岛之间，有一条东南接太平洋的南海、西北连印度洋安达曼海的狭长海道，因为邻近马来半岛的古城马六甲，因而被命名为马六甲海峡。由于它处于赤道无风带，海流缓慢，浅流暗礁较少，有利于航行。马六甲海峡地处欧洲、亚洲、非洲和大洋洲航道的“十字路口”，又有“远东的十字路口”之称。

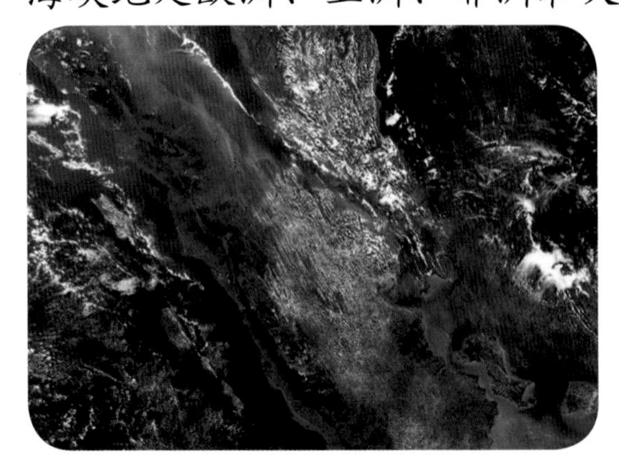

• 知识拓展 •

马六甲海峡从西头的韦岛到东头的皮艾角，长1080千米。西北部宽370千米，东南部宽37千米，最窄处5.4千米。一般水深25~27米，最深200米。

库克海峡

小知识 库克海峡因1770年英国航海家詹姆斯·库克到此考察而得名。

库克海峡也称“科克海峡”，位于新西兰南岛和北岛之间，呈西北—东南走向，长205千米，宽26~145千米，平均水深128米，沟通了南太平洋与塔斯曼海，是海上交通贸易的重要航道。

库克海峡是因地壳运动而成，两侧多峭壁悬崖，海岸曲折。由于它位于西风带，气候冬温夏凉，年差较小。

• 知识拓展 •

英国航海家和探险家詹姆斯·库克曾三次领导探测航行，在第一次航行中首次通过库克海峡。这次航行证实新西兰并非假想的南大陆一部分。

麦哲伦海峡

小知识 1520年，葡萄牙航海家麦哲伦首次由麦哲伦海峡进入太平洋。

麦哲伦海峡位于南美洲大陆南端和火地岛之间，是世界上风浪最猛烈的水域之一，巴拿马运河通航前，是沟通大西洋和太平洋的重要航道。

海峡两岸陡壁耸立，海岬、岛屿密布。峡中风大多雾，潮高流急，多旋涡逆流，海上时有浮冰，不利于航行。自从巴拿马运河通航后，来往大西洋和太平洋的船只一般不经过这里。

• 知识拓展 •

麦哲伦海峡峡湾曲折，长约600千米，宽3~33千米，航道最小深度31~33米。东段两岸地势低平，中段和西段海岸曲折。

英吉利海峡

小知识 英吉利海峡是欧洲大陆通往英国的最近水道，也是世界上货运量最大最繁忙的航道之一。

英吉利海峡历史上曾发生多次军事冲突和海战。

英吉利海峡位于英国与法国之间，长约560千米，最宽处240千米，最狭窄处33千米，平均水深53米，最深172米。英吉利海峡西通大西洋，东北经多佛尔海峡连通北海，是国际航运要道。

英吉利海峡潮汐落差较大，有丰富的潮汐动力资源，也是重要的渔场。

• 知识拓展 •

英吉利海峡两岸工农业发达，海峡中国际船只往来不绝，平均每天有四五百艘船只通过海峡，年货运量在七八亿吨以上。

直布罗陀海峡

小知识 直布罗陀海峡和地中海一起构成欧洲和非洲之间的天然分界线。

直布罗陀海峡是沟通地中海和大西洋的海峡，对于大西洋和地中海来说，直布罗陀海峡就像它们的咽喉一样重要。它是西欧能源运输的“生命线”，每天有千百艘船只通过海峡，是国际航运中最繁忙的通道之一，具有重要的战略地位。

直布罗陀海峡宽13~43千米，长58千米，东深西浅，最深320米，最浅301米，沿岸有直布罗陀和塞卜达等港口。

• 知识拓展 •

直布罗陀海峡连接地中海和大西洋，是欧洲通往西北非的门户。1869年苏伊士运河通航后，它的战略地位更加重要。

黑海海峡

小知识 冷战时期，美国和前苏联均将土耳其海峡定为全球最重要的海上咽喉之一。

1973年10月，土耳其建造的博斯普鲁斯海峡大桥正式通车，全长1560米。

hēi hǎi hǎi xiá yòu jiào tǔ ěr qí hǎi xiá shì lián jiē hēi hǎi yǔ dì zhōng hǎi de wéi yī tōng dào yīn zài tǔ ěr qí jìng nèi ér dé míng tǔ ěr qí tóng shí yě bèi zhè tiáo hǎi xiá fēn chéng le liǎng bàn tǔ ěr qí hǎi xiá bāo kuò yī sī tǎn bù ěr hǎi xiá mǎ ěr mǎ lā hǎi hé dá dá ní ěr hǎi xiá sān bù fen gǔ wǎng jīn lái dōu shì bīng jiā de bì zhēng zhī dì quán cháng qiān mǐ shì ōu yà dà lù de tiān rán fēn jiè xiàn

黑海海峡又叫土耳其海峡，是连接黑海与地中海的唯一通道，因在土耳其境内而得名，土耳其同时也被这条海峡分成了两半。土耳其海峡包括伊斯坦布尔海峡、马尔马拉海和达达尼尔海峡三部分，古往今来都是兵家的必争之地，全长361千米，是欧亚大陆的天然分界线。

• 知识拓展 •

黑海海峡两岸地势险峻，水道最窄处只有730米，但海峡通航条件却很优越：水深在28米以上，可通行大吨位的轮船，平均每年有2万多艘船只通过。

白令海峡

小知识 白令海峡是为纪念发现它的俄国航海家白令而命名的。

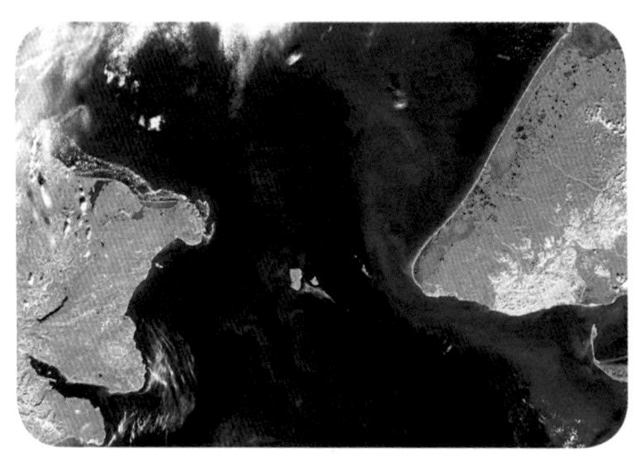

白令海峡冬季常有暴风雪，海面被1.2~1.5米厚的冰原所覆盖。

白令海峡是连接北冰洋和太平洋的唯一航道，也是北美洲和亚洲大陆间的最短海上通道，最窄处约85千米。白令海峡集众多分界线于一身，它是太平洋和北冰洋的分界线，又是亚洲和北美洲、俄罗斯和美国的分界线，连国际日期变更线也通过海峡水道的中央。

• 知识拓展 •

国际日期变更线从白令海峡水道中央穿过，如果我们从东向西横穿白令海峡，就要把日期退回一日；如果我们从西向东横穿白令海峡，那么日期必须跳过一日。

海港

小知识 荷兰的鹿特丹是世界上最大的海港，上海港是我国最大的海港。

hǎi gǎng shì bīn hǎi
海港是滨海
gǎng kǒu de tōng chēng yǒu
港口的通称。有
zhù zài hǎi àn biān de hǎi
筑在海岸边的海
wān gǎng jiāng hé rù hǎi
湾港，江河入海
chù de hé kǒu gǎng děng
处的河口港等。
yì bān lì yòng hǎi wān
一般利用海湾、
jiǎ jiǎo děng zì rán píng zhàng jiàn zào fáng bō dī děng shuǐ gōng jiàn zhù wù
岬角等自然屏障，建造防波堤等水工建筑物
gòu chéng gǎng qū shuǐ yù huò lì yòng hé kǒu duàn bì zhù rú zhōng guó
构成港区水域；或利用河口段辟筑。如中国
de dà lián tiān jīn shàng hǎi jī lóng guǎng zhōu huáng pǔ gǎng
的大连、天津、上海、基隆、广州黄埔港、
zhàn jiāng rì běn de héng bīn fǎ guó de mǎ sài měi guó de luò
湛江，日本的横滨、法国的马赛、美国的洛
shān jī děng
杉矶等。

• 知识拓展 •

码头是专供停靠船舶、上下旅客和装卸货物的水工建筑物。按用途，分客运、货运和专用（如石油、煤炭、矿石、集装箱、渔货）码头等。

半岛

小知识 北美洲西部的加利福尼亚半岛是世界上最长的半岛。

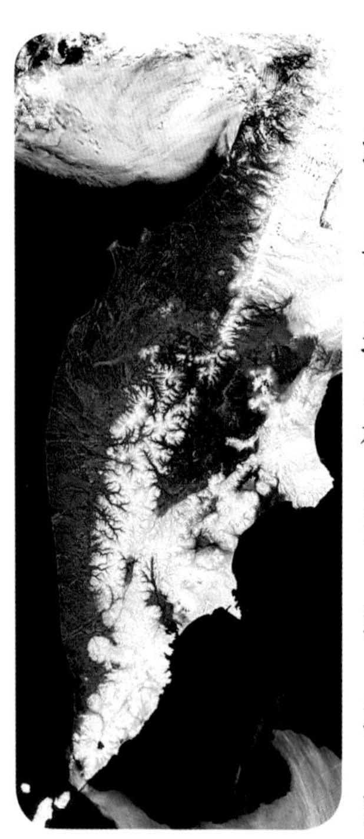

半岛是指伸入海洋或湖泊，一面同大陆相连，其余三面被水包围的陆地。大的半岛主要因地质构造断陷作用而成，如中国的辽东半岛。此外，在波浪和沿岸流作用下，由泥沙逐渐堆积而成，与大陆相连接的岛屿称“陆连岛”。如中国烟台的芝罘岛。

世界上最大的半岛是阿拉伯半岛，其次是印度半岛、中南半岛、拉布拉多半岛。

• 知识拓展 •

非洲大陆东部的索马里半岛，被称为“红海的门闩”，也叫“非洲之角”；亚洲东北部的勘察加半岛，境内火山、冰川“和平共处”，实为奇观。

阿拉伯半岛

小知识 阿拉伯半岛矿产资源丰富，波斯湾沿岸是世界上油气蕴藏最丰富的地区之一。

阿拉伯半岛上的居民主要是阿拉伯人，多信奉伊斯兰教，通用阿拉伯语。

阿拉伯半岛是世界上最大的半岛，位于亚洲西南部，大致以北纬30°为界，东临波斯湾和阿曼湾，南临阿拉伯海、亚丁湾，西隔红海与非洲大陆相望。西部、南部和东南边缘有山脉，并以陡峭断崖临海，其余大部是高原，地势由西南向东北倾斜。为世界最热地区之一，最热月绝对高温可达50~55℃。

• 知识拓展 •

阿拉伯半岛南北约2240千米，东西约1900千米，面积332万平方千米。山地边缘有森林、草原，中南部内陆沙漠广布。产椰枣、咖啡、羊毛、皮革等。

洋

洋是世界海洋的主体部分，远离大陆。全球大洋分为太平洋、大西洋、印度洋和北冰洋。大洋的水色蔚蓝，透明度很大，水中的杂质很少。世界大洋的总面积约占海洋面积的89%，水深一般大于2000~3000米，最深处可达1万多米。它面积广阔，盐度、水温受陆地的影响较小，比较稳定，有独特的海流系统和潮汐系统。

太平洋

小知识 太平洋是世界上火山和地震活动最频繁的区域。

太平洋位于亚洲、大洋洲、南美洲、北美洲和南极洲之间。北面通过白令海峡与北冰洋相通，西南与印度洋相通，东南与大西洋相通，是世界第一大洋。太平洋的面积占地球表面总面积的35%，平均深度4028米，马里亚纳海沟深达11034米，是世界上最深的地方。

太平洋复杂的海底地貌、完整的海流系统、富饶的海洋资源，为人类提供了用之不竭的宝藏。

• 知识拓展 •

太平洋面积17968万平方千米。岛屿数量约1万个，总面积440万平方千米，约占世界岛屿总面积的45%。赤道附近水面平均温度约27~29℃，表层平均盐度约35。

大西洋

小知识 大西洋的航运历史非常悠久，欧洲最早的探险活动都是从大西洋开始的。

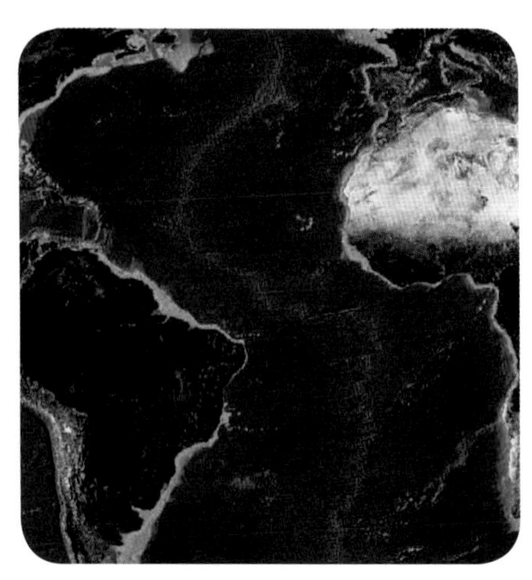

大西洋表面平均水温为16.9℃，比太平洋、印度洋都低。

大西洋位于南美洲、北美洲、欧洲、非洲和南极洲之间，是世界上第二大洋，面积9936.3万平方千米，平均深度3627米，最深的波多黎各海沟深达9219米。

大西洋中的海岭只有少数突出到洋面形成岛屿，所以岛屿数量比太平洋少得多，大部分岛屿集中在加勒比海的西北部，即西印度群岛一带。

知识拓展

大西洋海底中部有一条长约1.7万千米的大西洋海岭，宽约1500~2000千米，面积达2228万平方千米，个别地方露出水面，如冰岛、亚速尔群岛等。

印度洋

小知识 印度洋上的飓风世界闻名，常常带来骤雨、巨潮，酿成巨大的灾难。

yìn dù yáng wèi yú yà zhōu fēi zhōu ào dà lì yà dà lù
印度洋位于亚洲、非洲、澳大利亚大陆
hé nán jí zhōu zhī jiān quán bù shuǐ yù dōu zài dōng bàn qiú miàn jī
和南极洲之间，全部水域都在东半球，面积
wàn píng fāng qiān mǐ shì shì jiè dì sān dà yáng yīn wèi yú
7492万平方千米，是世界第三大洋，因位于
yà zhōu yìn dù bàn dǎo nán miàn gù míng yìn dù yáng
亚洲印度半岛南面，故名印度洋。

yìn dù yáng běi bù hǎi àn xiàn jiào qū zhé duō hǎi wān nèi
印度洋北部海岸线较曲折，多海湾、内
hǎi dǎo yǔ qí zhōng jiào dà de yǒu hóng hǎi bō sī wān
海、岛屿，其中较大的有红海、波斯湾、
mèng jiā lā wān děng
孟加拉湾等。

印度洋大部位于热带，冬夏水温在20℃~26℃。

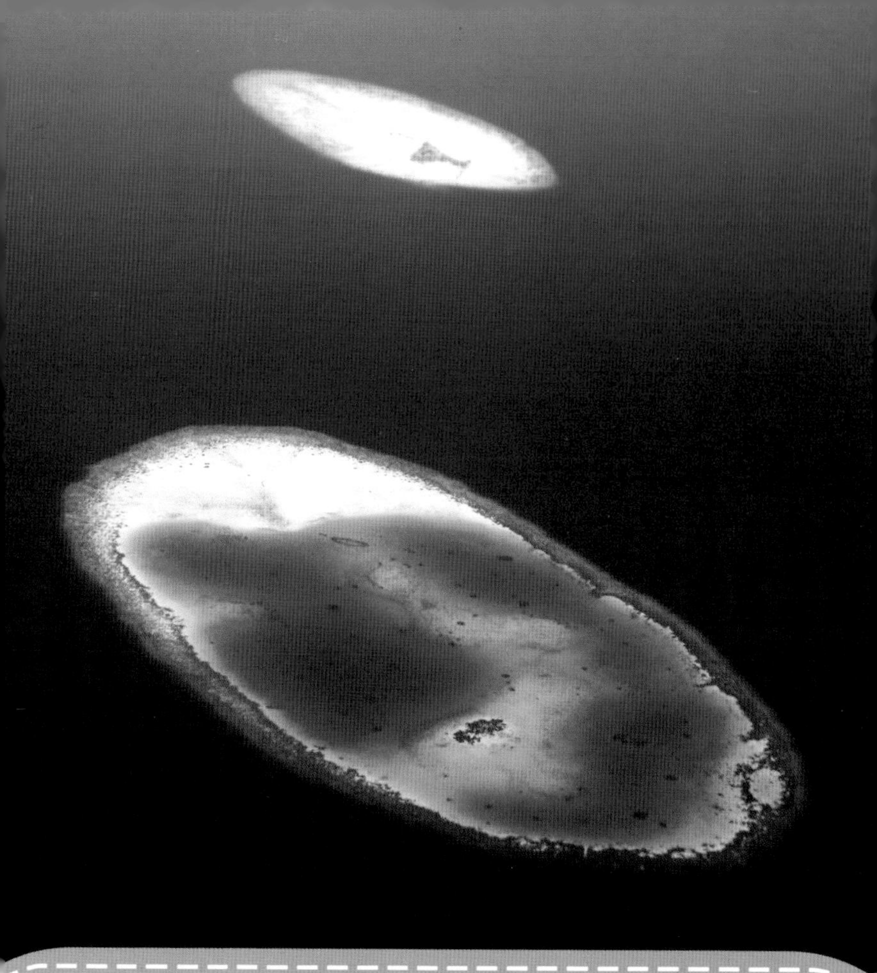

• 知识拓展 •

印度洋地跨南北半球，赤道、南回归线穿过北部、中部，大部分地区在热带，有“热带海洋”的称号。

北冰洋

小知识 北冰洋区域的生物种类很少，植物以地衣、苔藓为主，动物有北极熊、海象等。

北冰洋是世界上最寒冷的海洋，表层水温大多在−1.7℃左右。

北冰洋位于北极圈内，是地球四大洋中最小最浅的洋，面积1310万平方千米，平均深度1205米。

北冰洋是世界最寒冷的海洋，洋面上有常年不化的冰层，占北冰洋总面积的2/3，在极顶附近冰层可达30多米。北冰洋的岛屿很多，仅次于太平洋，主要岛屿有：格陵兰岛、维多利亚岛等。

• 知识拓展 •

北冰洋大陆架十分广阔，约占北冰洋总面积的1/3以上，其中亚洲和北美大陆一边宽达1300多千米，是世界海洋中大陆架最宽的地方。

海浪

小知识 海浪按成因分为风浪、涌浪、潮波和海啸。

hǎi làng shì hǎi yáng zhōng bō làng xiàn xiàng de zǒng chēng shì hǎi shuǐ
海浪是海洋中波浪现象的总称，是海水
yùn dòng de xíng shì zhī yī yǒu míng xiǎn de zhōu qī xìng tā jiù xiàng
运动的形式之一，有明显的周期性，它就像
dà hǎi tiào dòng de mài bó měi gé miǎo tiào dòng yí cì
大海跳动的脉搏，每隔0.5~25秒跳动一次，
zhōu ér fù shǐ yǒng bù tíng xī
周而复始，永不停息。

hǎi làng jù yǒu jù dà de pò huài lì duì hǎi gǎng mǎ tóu
海浪具有巨大的破坏力，对海港码头、
háng xíng hǎi àn gōng chéng hé hǎi yáng gōng chéng yǒu yán zhòng de wēi xié tóng shí yě jù yǒu jù dà de néng liàng kě yǐ yòng lái fā diàn
航行、海岸工程和海洋工程有严重的威胁；同时也具有巨大的能量，可以用来发电。

风浪、涌浪和近岸波的波高从几厘米到20余米，最大可达30米以上。

知识拓展

海浪按周期或频率，分表面张力波、短周期重力波、重力波、长周期重力波、长周期波和长周期潮波；按水深相对波长大小，分深水波和浅水波。

海啸

小知识 2004年12月26日，印度洋发生的海啸是全球百年来最大的一次海啸。

海啸是一种具有强大破坏力的海浪。海底地震、火山爆发或水下塌陷和滑坡等地壳活动都可能引起海啸。

海啸时掀起的狂涛骇浪，高度可达10多米至几十米不等。海啸发生时，破坏力极大，不仅会打翻海上的船只，还会破坏沿海的建筑，对人类生命和财产造成严重威胁。

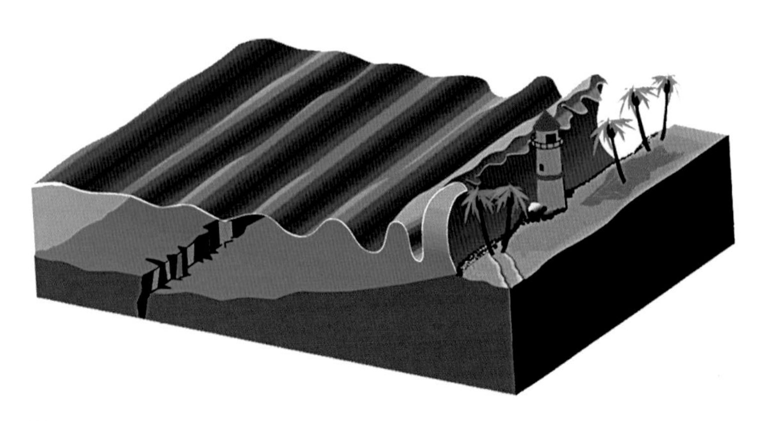

• 知识拓展 •

海啸波长为几十至数百千米，波高在外海不明显，传播到浅海时，因水深变浅、海湾呈V行或U形形态等原因，可形成近似直立的“水墙”。

台风

小知识 袭击中国的台风，常发生在5~10月，以7~9月最为频繁。

台风是发生在北太平洋西部，风力达12级或以上的热带气旋。习惯上也泛指各强度等级的热带气旋。台风直径一般为200~1000千米，巨型台风直径可达1000千米以上，小型台风则在100千米以下。台风的中心称“台风眼”。

台风的破坏力很大，常有狂风、暴雨出现，沿海岸还会出现风暴潮，可以造成重大灾害。

• 知识拓展 •

台风形成后，常自东向西或西北移动，速度一般为10~20千米/时，当进入中纬度的西风带后，即转向东或东北。

飓风

小知识 中国古籍中明代以前将台风称为“飓风”，明代以后有台风和飓风之分。

jù fēng shì zhǐ fēng lì děng yú
飓风是指风力等于
huò dà yú jí de fēng fēng sù
或大于12级的风，风速
dà yú děng yú mǐ miǎo yì
大于等于32.7米/秒，一
bān bàn suí qiáng fēng bào yǔ duì
般伴随强风、暴雨，对
lù dì de cuī huǐ lì jù dà yán
陆地的摧毁力巨大，严
zhòng wēi xié rén lèi de shēng mìng cái chǎn
重威胁人类的生命财产
ān quán jù fēng fā shēng shí huì
安全；飓风发生时，会
zài hǎi miàn xiān qǐ tāo tiān hǎi làng
在海面掀起滔天海浪，
làng gāo kě dá mǐ
浪高可达14米。

jù fēng hái zhǐ fā shēng zài dà
飓风还指发生在大
xī yáng mò xī gē wān jiā lè bǐ hǎi hé běi tài píng yáng dōng bù
西洋、墨西哥湾、加勒比海和北太平洋东部
de rè dài qì xuán
的热带气旋。

• 知识拓展 •

飓风和台风因发生地域不同，才有不同名称。生成于西北太平洋和我国南海的热带气旋称为“台风”；生成于大西洋、加勒比海及北太平洋东部的热带气旋称为“飓风”。

赤潮

小知识 赤潮是海洋遭受污染，有机物和营养盐过多而引起的。

赤潮已经成为世界性的公害。

赤潮又称“红潮”，是某些微小浮游生物急剧繁殖和高度密集后出现的海水变色和水质恶化的现象。一般发生在近岸海域暮春至初秋季节。发生赤潮的海水常带有黏性，并有腥臭。海水颜色随浮游生物群落的种类和数量而异，一般呈红色或近红色。

能引起赤潮的生物有60多种。控制氮、磷等营养元素大量进入水域，可防止赤潮发生。

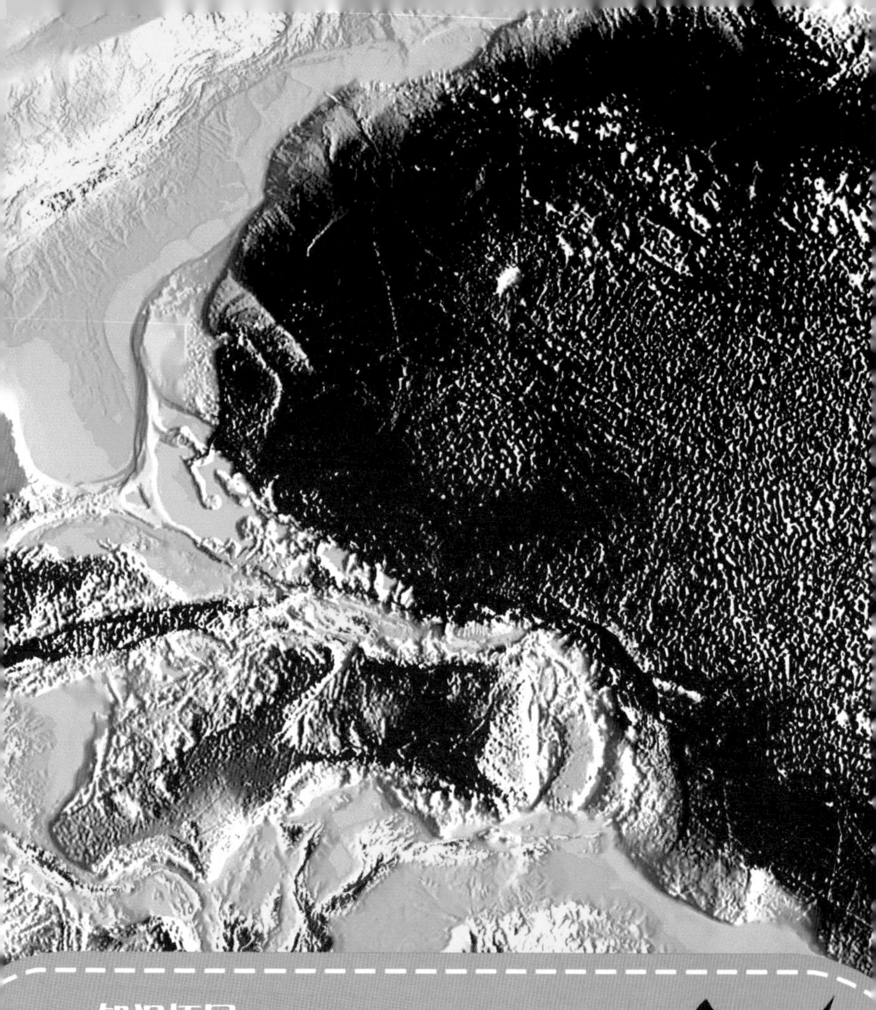

• 知识拓展 •

洋中脊在各大洋中都有发育，互相连接，构成一个完整体系，其宽度达1000~4000千米，高出洋底2~4千米。

海底热液

小知识 在红海和印度洋、大西洋也发现很多海底热液喷口和活动区。

海底热液是指从海底喷口喷出的热液，位于洋中脊轴部和火山活动区的海水渗入高温洋壳深处，受热加温至300~400℃时，其中硫酸根离子被还原成硫，同时将洋壳中金、银、铜、锌、铅、镍、锰、铁等金属元素滤出，形成富含重金属离子的酸性海底热液。

• 知识拓展 •

海底热液典型区域在东太平洋海隆，一个长7000米、宽200~300米的区域内，喷口有25个之多。

海沟

小知识 现在已知的海沟有35条，超过1万米深的有6条。其中，太平洋有28条海沟。

海沟是深海盆地上或边缘处狭长的洼地，是大洋板块与大陆板块相碰撞处，大洋地壳向下俯冲至大陆地壳以下而形成的，海底扩张而推移的原大洋地壳由海沟俯冲至地幔层消融。深度一般在6000~11000米，上宽底窄，两侧坡度陡急。分布于大洋地壳边缘，通常与岛弧同时出现，延伸方向一致。

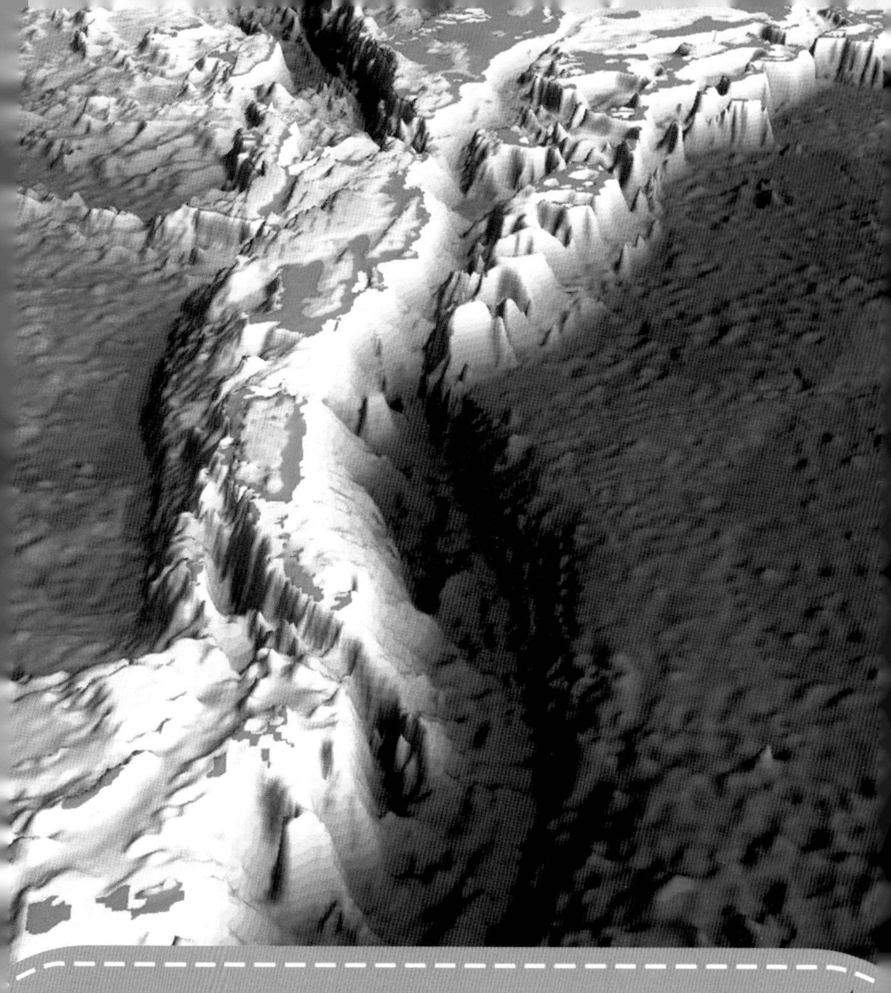

• 知识拓展 •

太平洋马里亚纳海沟深达11034米，为世界海洋最深点。假如把珠穆朗玛峰放在里面，其顶峰还露不出海面。

岛屿

小知识 我国的台湾岛属于大陆岛。

散布在海洋、河流或湖泊中的小块陆地，其中面积较大的称为岛，面积较小的称为屿。

岛屿按成因主要分为大陆岛、海洋岛（火山岛、珊瑚岛）和冲积岛。以中国的岛屿为例，南沙群岛属海洋岛，崇明岛属冲积岛。世界岛屿总面积约为970多万平方千米，约占陆地总面积的7%。

• 知识拓展 •

大陆岛多分布在大陆边缘海的外围；火山岛主要分布在太平洋西南部、印度洋西部、大西洋中部；珊瑚岛集中在太平洋热带浅海区；冲积岛一般位于河流入海口。

格陵兰岛

小知识 格陵兰岛海岸曲折，多深长峡湾，居民多住南半部沿海，以渔猎为生。

格陵兰岛位于北美洲东北部，介于北冰洋和大西洋之间，面积相当于50个丹麦，是世界第一大岛。格陵兰岛有4/5的面积在北极圈内，气候严寒，多暴风雪。这里还有极地特有的极昼、极夜现象。格陵兰岛85%的地面被厚厚的冰层覆盖，冰原平均厚1500米，中部最厚达3400米。

• 知识拓展 •

格陵兰岛面积217.56万平方千米，全年气温一般在0℃以下，只西南沿岸和南岸7月平均气温可达7~10℃。

冰岛

小知识 冰岛上多火山、温泉，地热资源丰富，使冰岛成为一个火热之岛。

冰岛位于欧洲西北、大西洋最北缘，靠近北极圈。一般人都认为那里冰天雪地，十分寒冷，实际上，全国只有北冰洋沿岸的13%土地常年被冰雪覆盖。南部沿海一带受北大西洋暖流影响，气候较同纬度其他地区温和。

• 知识拓展 •

冰岛共和国的领土绝大部分位于冰岛上，首都雷克雅未克，意为“冒烟的海湾”。这里全部用地热取暖供热供电，是世界上少有的“无烟城市”。

夏威夷群岛

小知识 夏威夷群岛旅以其独特的自然风光和独特的文化风情吸引了大批游客。

夏威夷群岛地处北太平洋的中部，是太平洋波利尼西亚群岛的一部分。有132个岛屿，延伸2400多千米。这些岛屿大多为火山岛和珊瑚岛。夏威夷群岛地处热带，岛上热带植物遍布，盛产各种热带作物，主要农产品有甘蔗、菠萝、咖啡、香蕉等。

• 知识拓展 •

夏威夷群岛多火山，夏威夷岛上的冒纳凯阿火山海拔4205米，为群岛最高峰。气候湿热，森林覆盖率约为42.3%。

冰山

小知识 南极海域是世界上冰山最多的地方。

冰山是极地大陆冰川或山谷冰川末端，因海水浮力和波浪冲击，发生崩裂，滑落海中而形成的。冰山大多在春夏两季内形成，那时较暖的天气使冰川或冰盖边缘发生分裂的速度加快。

冰山危害航船安全，历史上有无数船只因撞上冰山而沉没，其中包括著名的泰坦尼克号。

• 知识拓展 •

冰山大部分沉于水下，露出水面部分约占总体积的七分之一至五分之一。随海流向低纬度方向漂流，沿途不断溶解碎裂，危害航海安全。

海洋生物

海洋是生命的诞生地，海洋覆盖了地球近四分之三的表面。早在38亿年前，地球上的生命就在这古老的海洋中诞生。迄今为止，仍没有人能说清海洋中的物种到底有多少。

海带

小知识 海带在中国北部沿海及浙江、福建沿海大量栽培。

hǎi dài shēng zhǎng zài hǎi dǐ de yán shí shang xíng zhuàng jiù xiàng yì
海带生长在海底的岩石上，形状就像一
tiáo dài zi hǎi dài yì bān chéng hè sè fù hán hè zǎo jiāo hé diǎn
条带子。海带一般呈褐色，富含褐藻胶和碘
zhì diǎn shì rén tǐ bì xū de yuán sù zhī yī chú shí yòng wài
质。碘是人体必需的元素之一，除食用外，
hǎi dài hái kě yǐ tí qǔ diǎn hè zǎo jiāo gān lù chún děng gōng yè
海带还可以提取碘、褐藻胶、甘露醇等工业
yuán liào bìng kě rù yào
原料，并可入药。

• 知识拓展 •

海带最长可达20米，基部有固着器树状分枝，用以附着海底岩石。生长于水温较低的海中。

海藻

小知识 巨藻成体长70~80米，是藻类中最大的一种。

海藻是生长在海洋中的藻类，含叶绿素和其他辅助色素的低等植物，如海带、紫菜、石花菜、龙须菜等。

海藻是基础细胞所构成的单株或一长串的简单植物，而且是一种大量出现时，分不出根、茎、叶的水生植物。藻体所有细胞都能吸收营养物质，进行光合作用，可以食用，也可以入药。

• 知识拓展 •

巨藻是藻类中最大的一种，藻体褐色、革质，全体分固着器、柄和叶片三部分。分布于美洲西部以及大洋洲、南非沿岸。可食用，或作鱼饵和家畜的饲料。

砗磲

小知识 砗磲的肉可以食用，壳可以当作器物。

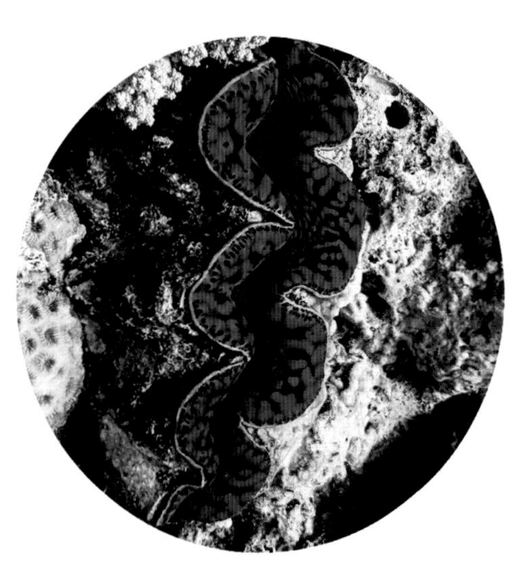

chē qú yě jiào
砗磲也叫
chē qú shì shuāng ké
车磲，是双壳
lèi dòng wù ké dà
类动物，壳大
ér hòu lüè chéng sān
而厚，略呈三
jiǎo xíng cháng kě
角形，长可
dá mǐ
达1米。

chē qú ké miàn yǒu gāo lǒng lǒng shang yǒu chóng dié de lín piàn
砗磲壳面有高垄，垄上有重叠的鳞片。
ké dǐng wān qū ké yuán chéng bō zhuàng qū qū ké wài miàn tōng cháng wéi
壳顶弯曲，壳缘呈波状屈曲。壳外面通常为
huī sè lǐ miàn bái sè wài tào mó yuán chéng huáng lǜ qīng
灰色，里面白色。外套膜缘呈黄、绿、青、
zǐ děng sè cǎi
紫等色彩。

chē qú zhǔ yào qī xī zài rè dài hǎi yù zhōng guó de hǎi nán
砗磲主要栖息在热带海域，中国的海南
dǎo jí nán hǎi zhū dǎo dōu chǎn chē qú
岛及南海诸岛都产砗磲。

• 知识拓展 •

砗磲不仅是双壳贝类之王，而且也是贝类中的老寿星。它年幼时生长快，以后逐渐减慢，生命周期可达80~100年，甚至活到数百年。

虎鲸

小知识 虎鲸猎食的对象主要是鱼类、海豚、海豹等。

虎鲸是一种大型齿鲸，身体呈纺锤形。雄性体长6.5~10米，雌性体长6~8.5米，雄性高可达1.8米。背部呈黑色，腹部为白色，眼睛后上方通常有一个梭形白斑。性情凶猛，是海中的害兽。

虎鲸广泛分布于世界各大洋，是国家二级保护动物。

• 知识拓展 •

虎鲸用肺呼吸，它的鼻孔生在头顶，鼻孔朝天并有开关自如的活瓣。当虎鲸浮上水面时，活瓣就可打开进行呼吸，同时鼻孔里喷出一片泡沫状的气雾。

蓝鲸

小知识 蓝鲸是鲸类中最大的，也是目前人们所知动物中体形最大的。

lán jīng shì dì qiú shang zuì dà de dòng wù shēn cháng kě dá
蓝鲸是地球上最大的动物，身长可达
mǐ fēn bù yú cóng nán jí dào běi jí zhī jiān de gè dà hǎi yáng
33米。分布于从南极到北极之间的各大海洋
zhōng yóu yǐ jiē jìn nán jí fù jìn de hǎi yáng zhōng shù liàng jiào duō
中，尤以接近南极附近的海洋中数量较多。
lán jīng shēn tǐ tōng cháng wéi lán huī sè yǒu yín huī sè bān diǎn bèi
蓝鲸身体通常为蓝灰色，有银灰色斑点。背
qí tè bié duǎn xiǎo yòng fèi hū xī měi dāng tā de tóu bù lù chū
鳍特别短小，用肺呼吸。每当它的头部露出
shuǐ miàn hū xī shí huì zài hǎi miàn shang chū xiàn yì gǔ zhuàng guān de shuǐ
水面呼吸时，会在海面上出现一股壮观的水
zhù rén men chēng zhī wéi pēn cháo lán jīng suī rán tǐ xíng páng
柱，人们称之为“喷潮”。蓝鲸虽然体形庞
dà què yǐ fú yóu shēng wù wéi shí zhǔ shí lín xiā
大，却以浮游生物为食，主食磷虾。

蓝鲸的头非常大，张开嘴可以容10个成年人自由进出。

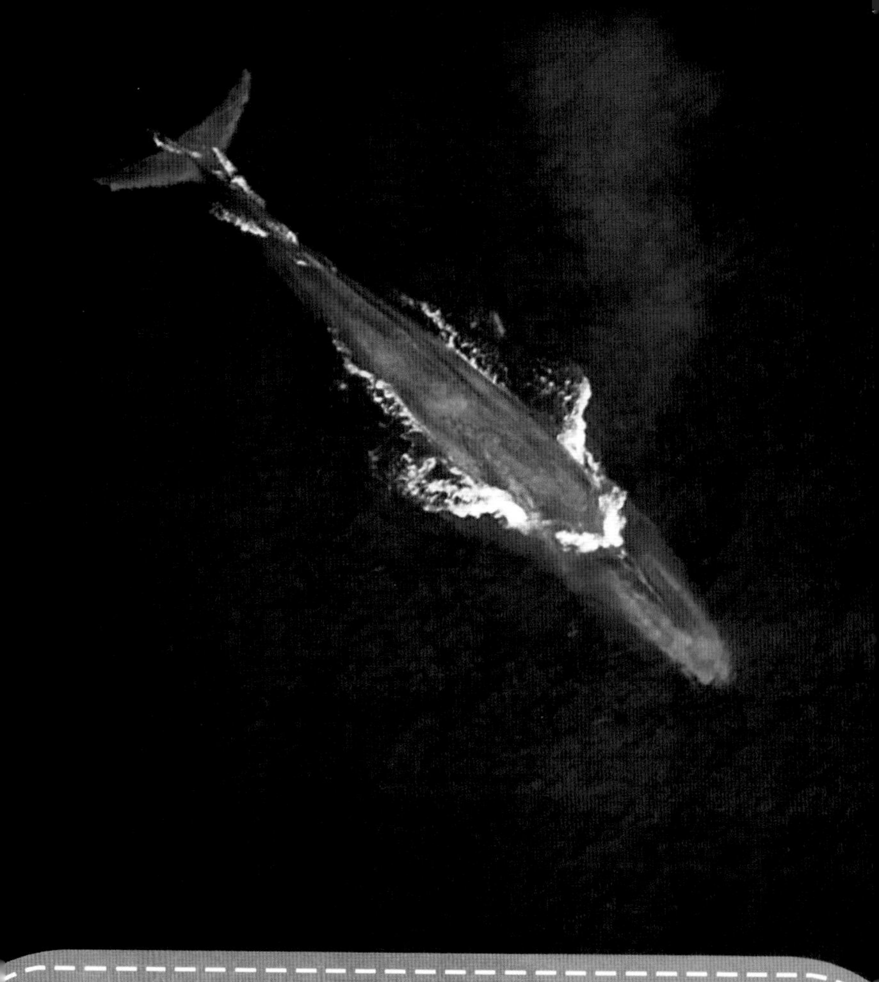

• 知识拓展 •

蓝鲸虽然生有庞大的身躯和大嘴，但吃的却只是小鱼、小虾。不过它食量很大，曾经有人将蓝鲸剖开，发现它的胃里竟有1500千克的虾类，足见它胃口之大。

海豚

小知识 海豚的大脑由完全隔开的两部分组成，当其中一部分工作时，另一部分充分休息。

海豚非常聪明，它的大脑体积、质量在动物界中是数一数二的。

hǎi tún shì tǐ xíng jiào xiǎo de chǐ jīng lèi dòng wù, shēn tǐ chéng fǎng chuí xíng, wěn bù xì cháng ér tū chū, bèi bù yǒu sān jiǎo xíng bèi qí, bèi miàn lán hēi huī sè, fù miàn bái sè, yǎn kuàng hēi sè.

海豚是体形较小的齿鲸类动物，身体呈纺锤形，吻部细长而突出，背部有三角形背鳍，背面蓝黑灰色，腹面白色，眼眶黑色。

hǎi tún yóu yǒng de sù dù hěn kuài, měi xiǎo shí kě dá 70 qiān mǐ. xǐ huan qún jū, cháng shù shí tóu huò shù bǎi tóu jù jí zài yì qǐ, huó dòng shí liè duì fēng yōng ér lái.

海豚游泳的速度很快，每小时可达70千米。喜欢群居，常数十头或数百头聚集在一起，活动时列队蜂拥而来。

hǎi tún kào huí shēng dìng wèi pàn duàn mù biāo de yuǎn jìn、fāng xiàng、wèi zhì、xíng zhuàng、wù tǐ de xìng zhì.

海豚靠回声定位判断目标的远近、方向、位置、形状、物体的性质。

知识拓展

海豚是本领超群、聪明伶俐的哺乳动物。经过训练，能跳火圈、参加水下救生等。除人以外，海豚的大脑是动物中最发达的。

海豹

小知识 海豹分布于温带和寒带沿海，多数在北半球。

海豹体长约1.5米，背部黄灰色，有斑点。尾巴很短，前、后肢都呈鳍状，适于在水中生活。

海豹大部分时间栖息在海中，只有脱毛、繁殖时才到陆地或冰块上生活，食物以鱼和贝类为主。

海豹大部分时间栖息海中，即使在寒冷的两极海域都能看到海豹的身影。南极海豹生活在南极冰原，由于数量较少，已被列为国际保护动物。

• 知识拓展 •

海豹繁殖期不集群，幼崽出生后，组成家庭群，哺乳期过后，家庭群结束。它们在冰上产仔，当冰融化之后，幼兽才开始独立在水中生活。

海狮

小知识 海狮有着高超的潜水本领，训练有素的海狮能帮人们打捞沉入海底的东西。

海狮在中国分布于辽宁、江苏沿海，为国家二级保护动物。

hǎi shī shēng huó zài hǎi li yǐ yú bàng wū zéi hǎi zhé děng wéi shí sì zhī chéng qí zhuàng hěn shì yú zài shuǐ zhōng yóu yǒng hòu zhī néng xiàng qián wān qū yǐ zhī chēng shēn tǐ shēn tǐ bèi duǎn yìng cū máo suǒ fù gài yǒu de zhǒng lèi xióng de jǐng bù yǒu cháng máo xiàng shī zi yīn cǐ ér dé míng

海狮生活在海里，以鱼、蚌、乌贼、海蜇等为食。四肢呈鳍状，很适于在水中游泳，后肢能向前弯曲以支撑身体。身体被短硬粗毛所覆盖，有的种类雄的颈部有长毛，像狮子，因此而得名。

hǎi shī méi yǒu gù dìng de qī xī dì měi tiān dōu yào wèi xún zhǎo shí wù ér dào chù piāo yóu fán zhí jì jié tā men cái dào hǎi dǎo shang zhǎo gè gù dìng de dì fang fán zhí hòu dài

海狮没有固定的栖息地，每天都要为寻找食物而到处漂游。繁殖季节，它们才到海岛上找个固定的地方，繁殖后代。

• 知识拓展 •

雄性海狮很大，体长2.5~3.25米，雌海狮较小。海狮白天在近海活动，晚上都上岸睡觉。

海马

小知识 在繁殖期间，海马妈妈会把卵产在海马爸爸的孵卵囊中孵化。

海马一般长10厘米左右，头与躯干呈直角，头部像马头。广泛分布于热带海中，中国沿海均产。它们依靠骨板、保护色及拟态避害和诱食饵料，在海藻中体色为黄绿色或绿褐色，在黄红色沙底中体呈黄棕色。

一般动物都是雌性负责生育后代，而海马却是雄性“怀胎”，雄性海马的尾部有孵卵囊，受精卵在囊内发育。

• 知识拓展 •

海马平时依靠卷曲的尾部缠住水藻休息，游泳时则将身子垂直地立在水中，利用背鳍的煽动作直升直降的游泳。

海龟

小知识 海龟每年6～7月产卵，不同种类的海龟，产卵的数量也不同，一般为100～150个。

在海洋里生存着8种海龟：棱皮龟、蠵龟、玳瑁、橄榄绿鳞龟、大海龟、绿海龟、黑海龟（太平洋丽龟）和平背海龟。

海龟是世界上最大的龟，体重超过100千克，长达1米以上，头颈和四肢都不能缩进去，四肢呈桨状，前肢大于后肢。背面棕褐色或暗绿色，有黄斑，腹面黄色。头顶有一对前额鳞。没有牙齿，用角质化的嘴来咀嚼食物。

海龟主要以海藻、鱼类等为食，耐饥性很强，用肺呼吸。是国家二级保护动物。

• 知识拓展 •

海龟每年都循着一定的洄游路线，作长距离的往返游行，从不迷失方向。就连幼龟也能沿着母龟走过的老路游回原来的栖息地。

鲨鱼

小知识 鲨鱼是海洋中的庞然大物，号称“海中狼”。

shā yú de shēn tǐ chéng fǎng chuí xíng zuì míng xiǎn de tè zhēng
鲨鱼的身体呈纺锤形，最明显的特征
shì yǒu ruǎn gǔ gǔ gé shā yú jù yǒu gāo dù fā dá de cè xiàn xì
是有软骨骨骼。鲨鱼具有高度发达的侧线系
tǒng tā shì shā yú tàn suǒ hé cè liáng qí tā wù tǐ de jù lí
统，它是鲨鱼探索和测量其他物体的“距离
gǎn zhī qì
感知器”。

shā yú de shì lì bù fā dá dàn qí tā gǎn jué qì guān hěn
鲨鱼的视力不发达，但其他感觉器官很
wán shàn duì xuè xīng wèi zuì mǐn gǎn shì jiè gè hǎi yáng zhōng shēng huó
完善，对血腥味最敏感。世界各海洋中生活
zhe duō zhǒng shā yú zhōng guó yǒu yú zhǒng
着300多种鲨鱼，中国有100余种。

• 知识拓展 •

鲨鱼生活在海洋中，少数种类也进入淡水，性凶猛，行动敏捷，捕食其他鱼类。鲨鱼的经济价值很高。

蝴蝶鱼

小知识 蝴蝶鱼对爱情忠贞专一，大部分都成双入对，好似陆生鸳鸯。

蝴蝶鱼艳丽的体色可随周围环境的改变而改变。

hú dié yú shì shēng huó
蝴蝶鱼是生活

yú rè dài shān hú jiāo zhōng de
于热带珊瑚礁中的

yú lèi shēn tǐ cè biǎn
鱼类，身体侧扁，

chéng luǎn yuán xíng tuǒ yuán xíng
呈卵圆形、椭圆形

huò líng xíng cháng
或菱形，长10~20

lí mǐ hú dié yú de tóu
厘米。蝴蝶鱼的头

xiǎo zuǐ yě xiǎo qiě néng shēn
小，嘴也小且能伸

suō shēn tǐ yán sè xiān
缩，身体颜色鲜

yàn yǒu zhe wǔ cǎi bīn fēn de
艳，有着五彩缤纷的

tú àn xiàng piào liang de hú dié yí yàng tā men yǐ shān hú zhī jí
图案，像漂亮的蝴蝶一样。它们以珊瑚枝及

xiǎo xíng jiǎ ké lèi wéi shí zhǒng lèi hěn duō zài zhōng guó fēn bù yú
小型甲壳类为食，种类很多，在中国分布于

nán hǎi dōng hǎi nán bù hé tái wān hǎi yù
南海、东海南部和台湾海域。

• 知识拓展 •

许多种类的蝴蝶鱼在尾的前上方有一黑色斑点，周围镶着白色或黄色的边缘。这斑点与头部的眼相对称，宛如鱼眼，而它的眼睛却隐藏在头部的黑斑中。

寄居蟹

小知识 随着寄居蟹的长大，它会换不同的壳用来寄居。

寄居蟹又叫“寄居虾”，头胸甲狭长，卵圆形，前半部坚硬而光滑，第二对触角长。腹部长而柔软。成年寄居蟹藏在空螺壳里居住，头部、胸部能伸出壳外，在海底或海滩上爬行。寄居蟹种类很多，肉可以食用。

在我国，寄居蟹多产于黄海及南方海域的海岸边，通常能在海边的岩石缝里找到它，有时还能在椰子壳、珊瑚、海绵等里面看到它。

• 知识拓展 •

海葵附着在有寄居蟹匿居的贝壳壳口周围，利用寄居蟹作为运动工具，并以它吃剩的残屑为食；寄居蟹可受到海葵刺细胞的保护。

鳐鱼

小知识 线板鳐是最大的一种鳐鱼，胸鳍展开后达8米，爱在海上飞行。

鳐鱼身体扁平，呈圆形、斜方形或菱形，有五个鳃孔，背鳍两个、一个或没有，尾鳍短小或没有。有些种类在胸鳍和头侧之间或在尾侧有一对圆形或长形发电器。

鳐鱼种类很多，栖息于海的底层，以贝类、小鱼、小虾等为食。中国产的鳐鱼有80余种，常见的有孔鳐、何氏鳐等。

• 知识拓展 •

鳐鱼的眼睛和喷水孔长在头顶，口、鼻在底侧，这些都是鳐鱼为了适应底栖生活而逐渐演化出来的。

乌贼

小知识 在避敌时，乌贼喷出含有生物碱的乌贼墨，以麻痹天敌的嗅觉感官，借机逃生。

乌贼是软体动物，分布在世界各大洋，主要栖息在宽阔的大洋、浅海等处，捕食虾、蟹、毛颚类和幼鱼，并有同类相残习性。

捕食时，乌贼突然伸出长长的触腕，准确攫住猎物，以坚韧锋利的角质颚咬碎其硬壳。乌贼本身也是带鱼、海鳗等肉食性鱼类的重要猎取对象。

• 知识拓展 •

乌贼一般是后退运动的，而且速度很快。为了适应这种游泳方式，乌贼的贝壳逐渐退化并被完全埋在皮肤里面，功能也由原来的保护转为支持。

章鱼

小知识 章鱼有在海螺壳中产卵的习性，所以渔民常用绳子穿上红螺壳沉入海底诱捕它们。

章鱼是软体动物，身体呈卵圆形，头上有8只腕，所以又被称为“八带鱼”。腕间有膜相连，长短相等或不等；腕上吸盘无柄。章鱼不擅长游泳，常在海底爬行，身体会通过变色而隐蔽。最大的章鱼体长近40厘米，腕长达5米。章鱼是海中杀手，它的天敌是海鳝。

• 知识拓展 •

章鱼多栖息于浅海砂砾或软泥底以及岩礁处，食双壳类与甲壳类。中国常见的有饭蛸、长腕蛸和真蛸。可鲜食、干制，或充钓饵。

海象

小知识 海象生活在海洋中，不过它们也能在陆地上行动。

hǎi xiàng shì yì zhǒng bǔ rǔ dòng wù shēn tǐ cū zhuàng xióng de
海象是一种哺乳动物，身体粗壮，雄的

tǐ cháng kě dá mǐ shàng quǎn chǐ tū chū kǒu wài xíng chéng liáo yá
体长可达3米，上犬齿突出口外，形成獠牙，

wǎn rú xiàng yá kě yǐ yòng lái wā jué shí wù yǔ jìn gōng hé fáng shǒu
宛如象牙，可以用来挖掘食物与进攻和防守

dí rén sì zhī chéng qí zhuàng hòu zhī néng wān xiàng qián fāng jiè yǐ
敌人。四肢呈鳍状，后肢能弯向前方，借以

zài bīng kuài hé lù dì shang xíng dòng hǎi xiàng tōng cháng qún jū yú dà de
在冰块和陆地上行动。海象通常群居于大的

fú bīng huò hǎi àn fù jìn fēn bù yǐ běi bīng yáng wéi zhōng xīn yě
浮冰或海岸附近，分布以北冰洋为中心，也

jiàn yú dà xī yáng hé tài píng yáng běi bù
见于大西洋和太平洋北部。

• 知识拓展 •

海象以瓣鳃类软体动物为食，它总是潜入海底，将长牙插入土里掘出食物，后用两前肢收集并磨碎。海象很爱睡觉，一生大部分时间是躺在冰上度过的。

海星

小知识 海星分布很广，几乎所有海洋，特别是温带和热带海洋都有分布。

hǎi xīng shì jí pí dòng wù mén de yì gāng sú chēng xīng
海星是棘皮动物门的一纲，俗称“星
yú zhǔ yào fēn bù yú shì jiè gè dì de qiǎn hǎi dǐ shā dì huò
鱼”，主要分布于世界各地的浅海底沙地或
jiāo shí shang hǎi xīng kàn shàng qù bú xiàng shì dòng wù cóng qí wài guān
礁石上。海星看上去不像是动物，从其外观
hé huǎn màn de dòng zuò lái kàn hěn nán xiǎng xiàng tā shì yì zhǒng tān lán
和缓慢的动作来看，很难想象它是一种贪婪
de shí ròu dòng wù hǎi xīng bǔ shí shí yòng wàn shang de guǎn zú zhuō zhù
的食肉动物。海星捕食时用腕上的管足捉住
liè wù bìng yòng zhěng gè shēn tǐ bāo zhù tā jiāng wèi dài cóng kǒu zhōng
猎物，并用整个身体包住它，将胃袋从口中
tǔ chū lì yòng xiāo huà méi ràng
吐出，利用消化酶让
liè wù zài qí tǐ
猎物在其体
wài róng jiě bìng bèi
外溶解并被
xī shōu
吸收。

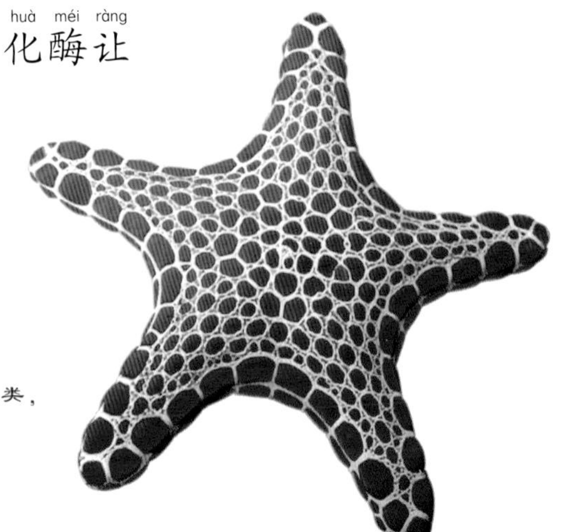

有些种类的海星喜食贝类，为贝类养殖的敌害。

• 知识拓展 •

海星有很强的再生能力，当它的腕被石块压住或是被敌害咬住时，它会自动折断被压住或被咬牢的腕，“割体”逃生，一段时间后，割损的腕会重新长出来。

海参

小知识 为逃避敌害，海参能从肛门排出消化道、生殖腺等内脏，几个星期后还能再生新的。

hǎi shēn shì jí pí dòng wù mén de yì zhǒng shēn tǐ chéng yuán
海参是棘皮动物门的一种，身体呈圆
zhù zhuàng hěn róu ruǎn kào fù miàn de guǎn zú hé jī ròu shēn suō pá
柱状，很柔软。靠腹面的管足和肌肉伸缩爬
xíng yí dòng jí wéi huǎn màn shàn yú wěi zhuāng fū sè hé huán jìng
行，移动极为缓慢。善于伪装，肤色和环境
lèi sì
类似。

hǎi shēn shēng huó zài hǎi zǎo mào mì de hǎi dǐ yán shí fèng hé
海参生活在海藻茂密的海底、岩石缝和
qiǎn hǎi dǐ bù de ní shā li zhǔ yào yǐ fú yóu shēng wù jí yǒu jī
浅海底部的泥沙里，主要以浮游生物及有机
suì xiè wéi shí rú guī zǎo děng
碎屑为食，如硅藻等。

• 知识拓展 •

海参一般生活在冷水中，若水温超过20℃，就会向更深的海中迁移，隐伏在岩石间不吃不动，进入夏眠，到仲秋天凉水温下降后，才开始苏醒爬向浅水。

水母

小知识 水母分小型的水螅水母和大型的钵水母两类，如桃花水母、海月水母等。

水母的出现比恐龙还早，可追溯到6.5亿年以前。

水母像一把透明伞，巨大霞水母的伞状体直径可达2米。伞状体边缘长着一些须状条带，这种条带叫触手，有的可长达20～30米。

水母的触手毒性极强。有些水母会蜇伤在海中游泳的人。

• 知识拓展 •

水母上面为伞状的浮囊，在“伞”的边缘有许多触手，边缘的平衡囊还可以预知风暴的来临。“伞”的下方中央有口，有时有长口管，或更有长口腕。

海葵

小知识 海葵的触手数目为六的倍数，在口周排成数轮，伸展时形状很像葵花。

hǎi kuí yīn wài xíng sì kuí huā ér dé míng suī rán wài biǎo
海葵因外形似葵花而得名，虽然外表
xiàng zhí wù shí jì shang tā shì qiāng cháng dòng wù mén de yì zhǒng dān
像植物，实际上它是腔肠动物门的一种，单
tǐ méi yǒu gǔ gé hǎi kuí de chù shǒu zhǎng mǎn le dào cì zhè
体，没有骨骼。海葵的触手长满了倒刺，这
zhǒng dào cì néng cì chuān liè wù de ròu tǐ
种倒刺能刺穿猎物的肉体。

hǎi kuí de zhǒng lèi hěn duō zhǔ yào qī xī zài hǎi yáng zhōng
海葵的种类很多，主要栖息在海洋中，
chǎn yú shí xì huò ní shā zhōng yǒu de fù zhuó zài bèi ké hé xiè áo
产于石隙或泥沙中，有的附着在贝壳和蟹螯
shang shì gòng qī de zhù míng lì zi
上，是共栖的著名例子。

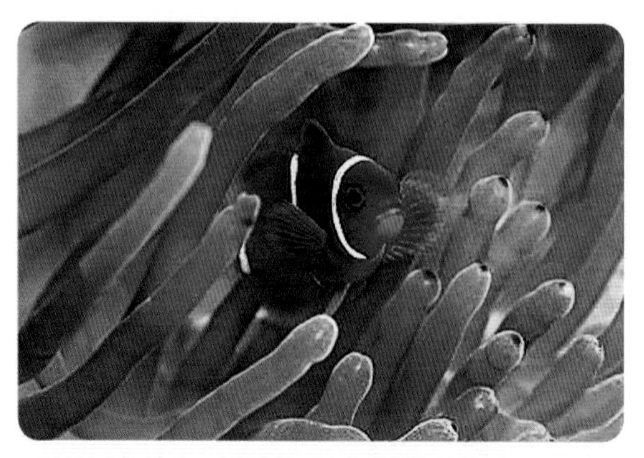

小丑鱼身体表面拥有特殊的体表液，可以不被海葵的毒液伤害。

知识拓展

干潮线上常见的海葵品种有：黄海葵，体表常附着砂粒；绿海葵，较前种略小，口盘触手均绿色。

珊瑚

小知识 红珊瑚与黑珊瑚质地细腻致密，色泽艳丽，是名贵的有机珠宝。

shān hú shì yóu shān
珊瑚是由珊
hú chóng de fēn mì wù suǒ
瑚虫的分泌物所
gòu chéng de tā men de wài
构成的它们的外
gǔ gé xíng zhuàng tōng cháng
骨骼，形状通常
hěn xiàng shù zhī àn chéng
很像树枝。按成
fèn bù tóng kě fēn wéi
分不同，可分为
shí huī zhì hé jiǎo zhì liǎng lèi shí huī zhì shān hú de dài biǎo shì hóng
石灰质和角质两类。石灰质珊瑚的代表是红
shān hú qí zhǔ yào chéng fèn shì fāng jiě shí fěn hóng zhì shēn hóng
珊瑚，其主要成分是方解石，粉红至深红、
huáng zǐ lán děng sè bàn tòu míng zhì bú tòu míng
黄、紫、蓝等色，半透明至不透明。

jiǎo zhì shān hú de dài biǎo shì hēi shān hú zhǔ yào yóu yǒu jī
角质珊瑚的代表是黑珊瑚，主要由有机
zhì de zhēn zhū jiǎo zhì zǔ chéng shēn zōng zhì hēi sè bàn tòu míng zhì
质的珍珠角质组成，深棕至黑色，半透明至
bú tòu míng
不透明。

• 知识拓展 •

珊瑚是构成珊瑚礁的主要成分，在维持生物多样性方面具有很重要的意义。珊瑚除可供观赏外，古珊瑚和现代珊瑚还可形成储油层，对寻找石油有重要意义。

海绵

小知识 海绵是最原始的后生动物，绝大多数栖息于海洋，少数分布在淡水中。

hǎi mián dòng wù shì dī děng duō xì bāo dòng wù zhǒng lèi hěn
海绵动物是低等多细胞动物，种类很
duō tǐ xíng duō yàng tǐ bì yóu nèi wài liǎng céng xì bāo gòu
多，体形多样。体壁由内、外两层细胞构
chéng shí fēn róu ruǎn yǒu de tǐ nèi yǒu róu ruǎn de gǔ gé
成，十分柔软，有的体内有柔软的骨骼。
yīn wèi hǎi mián dòng wù yǒu xǔ duō xì xiǎo de jìn shuǐ kǒng suǒ yǐ
因为海绵动物有许多细小的进水孔，所以
yě jiào duō kǒng dòng wù
也叫“多孔动物”。

hǎi mián dòng wù duō shēng huó zài hǎi dǐ yán shí jiān yì duān gù
海绵动物多生活在海底岩石间，一端固
zhuó lìng yì duān yóu lí yóu lí de yì duān yǒu yí gè dà kǒng chēng
着，另一端游离，游离的一端有一个大孔，称
wéi chū shuǐ kǒng wài jiè
为“出水孔”。外界
de shuǐ jīng jìn shuǐ kǒng liú rù
的水经进水孔流入
tǐ nèi zài cóng chū shuǐ kǒng
体内，再从出水孔
liú chū xíng chéng hǎi mián dòng
流出，形成海绵动
wù tè yǒu de gōu xì
物特有的沟系。

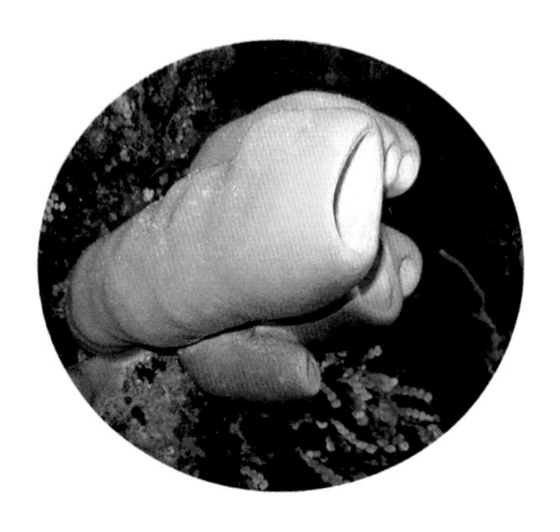

• 知识拓展 •

海绵动物对那些贪食的动物没有任何吸引力，它浑身的骨针和纤维使其他动物难以下咽，因此海绵动物的天敌不多。

企鹅

小知识 世界上有18种企鹅，它们单独构成一个企鹅目。著名的种类有小企鹅、王企鹅、帝企鹅等。

qǐ é shì yí lèi méi yǒu fēi xiáng néng lì dàn shàn yú yóu yǒng hé
企鹅是一类没有飞翔能力但善于游泳和
qián shuǐ de hǎi niǎo qǐ é zhǔ yào qī xī zài nán jí yǐ jí nán
潜水的海鸟。企鹅主要栖息在南极，以及南
fēi dào nán měi zhōu xī bù yán àn hǎi yù qǐ é tuǐ duǎn zú yǒu
非到南美州西部沿岸海域。企鹅腿短，足有4
zhǐ yǒu pǔ xiāng lián yóu yǒng shí qǐ duò de zuò yòng quán shēn fù
趾，有蹼相连，游泳时起舵的作用；全身覆
gài yǔ máo yǔ zhóu jí duǎn ér kuān hěn xiàng xiǎo lín piàn pí xià
盖羽毛，羽轴极短而宽，很像小鳞片；皮下
zhī fáng hěn hòu qián zhī biàn
脂肪很厚；前肢变
chéng qí zú zài shuǐ zhōng yóu
成鳍足，在水中游
yǒng shí qǐ tuī dòng zuò yòng
泳时起推动作用。
cháng dà qún xué jū zhǔ yào
常大群穴居，主要
yǐ bǔ shí yú xiā wū
以捕食鱼、虾、乌
zéi děng wéi shēng
贼等为生。

• 知识拓展 •

企鹅主要生活在海洋里，只有繁殖时才来到岸上。常在岩石上作跳跃式行走，因立时昂首如企望状，故得名“企鹅”。

信天翁

小知识 信天翁能够跟随船只滑翔数小时而几乎不拍打一下翅膀。

信天翁是国家一级保护动物，善于飞行。体长可达1米以上，翅膀展开平均达3米，是世界上翅膀最长的鸟。

成鸟身体呈白色，颈部略带浅黄色。鼻孔呈管状，左右分开。趾间有蹼，能游泳，生活在海边，捕食鱼类。

信天翁有短尾信天翁、黑脚信天翁、漂泊信天翁等。

• 知识拓展 •

信天翁求偶时，嘴里不停地唱着“咕咕”的歌声，同时非常有绅士风度地向“心上人”不停地弯腰鞠躬，尤其喜欢把喙伸向空中，以便展示其优美的曲线。

海鸥

小知识 海鸥的归家本领很强，雌、雄都能回到它们上一年筑的巢里。

zhōng guó yán hǎi yí dài xí guàn shang bǎ xǔ duō zhǒng lèi shèn zhì
中国沿海一带习惯上把许多种类，甚至
bāo kuò yàn ōu zài nèi dōu chēng wéi hǎi ōu bǐ jiào cháng jiàn de hǎi ōu
包括燕鸥在内都称为海鸥，比较常见的海鸥
tǐ cháng lí mǐ wéi lǚ niǎo hé dōng hòu niǎo
体长45厘米，为旅鸟和冬候鸟。

hǎi ōu shàng tǐ chéng cāng huī sè xià tǐ bái sè zhǔ yào yǐ
海鸥上体呈苍灰色，下体白色。主要以
yú xiā xiè bèi wéi shí yě chī nóng tián li de hài chóng hé
鱼、虾、蟹、贝为食，也吃农田里的害虫和
tián shǔ děng
田鼠等。

• 知识拓展 •

海鸥是最常见的海鸟，在海边、海港，在盛产鱼虾的渔场上，成群的海鸥漂浮在水面上，游泳，觅食，低空飞翔、喜欢群集于食物丰盛的海域。

海上活动

早在史前，人类就已经开始在海上旅行，从海洋中捕鱼，并想方设法探索海洋、征服海洋。

人类不仅利用海洋运输货物、航行，还进一步对海洋资源进行开发，并利用风力、海浪等，在海上进行运动。

NOORDERLICHT

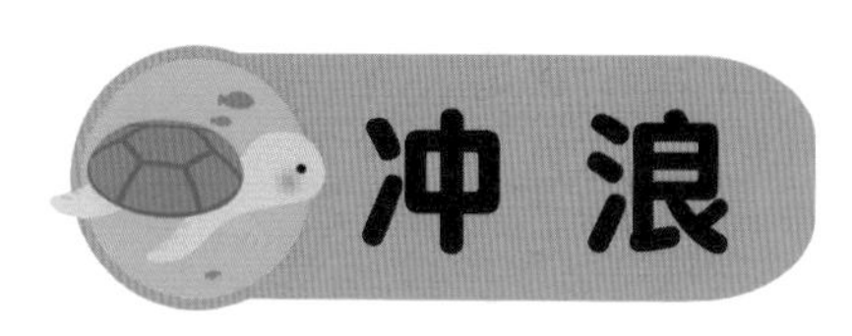

冲浪

小知识 最早的冲浪运动出现在19世纪70年代末的夏威夷群岛海滩。

冲浪是运动员站立在冲浪板上，或利用腹板、跪板、充气的橡皮垫、划艇、皮艇等驾驭海浪的一项水上运动。不论采用哪种器材，运动员都要有很高的技巧和平衡能力，同时要善于在风浪中长距离游泳。冲浪运动以浪为动力，要在有风浪的海滨进行。海浪的高度要在1米左右，最低不少于30厘米。冲浪不仅是一项有趣的活动，而且还成为一项重要的海上比赛项目。

• 知识拓展 •

冲浪板用泡沫塑料制成，长1.5~2.7米，宽0.6米，厚0.07~0.1米，重11~26千克，前后两端稍窄小，板面涂有蜡质外膜。

帆船

小知识 现代帆船运动始于荷兰。

fān chuán yùn dòng shì fēng fān yùn dòng xiàng mù zhī yī fān chuán
帆船运动是风帆运动项目之一。帆船
bǐ sài shì yùn dòng yuán jià shǐ fān chuán zài guī dìng de chǎng dì nèi bǐ sài
比赛是运动员驾驶帆船在规定的场地内比赛
háng sù de yí xiàng yùn dòng bǐ sài zhōng yùn dòng yuán yī kào zì rán
航速的一项运动。比赛中，运动员依靠自然
fēng lì zuò yòng yú chuán fān shang jià shǐ chuán zhī qián jìn shì yí xiàng
风力作用于船帆上，驾驶船只前进，是一项
jí jìng jì yú lè guān shǎng tàn xiǎn yú yì tǐ de tǐ yù yùn
集竞技、娱乐、观赏、探险于一体的体育运
dòng xiàng mù tā jù yǒu jiào gāo de guān shǎng xìng bèi shòu rén men xǐ
动项目。它具有较高的观赏性，备受人们喜
ài xiàn dài fān chuán yùn dòng yǐ jīng chéng wéi shì jiè yán hǎi guó jiā hé
爱。现代帆船运动已经成为世界沿海国家和
dì qū zuì wéi pǔ jí de
地区最为普及的
tǐ yù huó dòng zhī yī
体育活动之一，
yě shì gè guó rén mín jìn
也是各国人民进
xíng tǐ yù wén huà jiāo liú
行体育文化交流
de zhòng yào nèi róng
的重要内容。

• 知识拓展 •

帆船比赛采用短距离三角绕标航行。直线航程为28千米，每一比赛进行七至十一轮，取其中六至九轮最好成绩之和为每条船的总分，并以此定名次。

海上运输

小知识 我国进出口货物运输总量的80%～90%是通过海上运输进行的。

hǎi shang yùn shū jiǎn chēng hǎi yùn shì shǐ yòng chuán bó tōng guò hǎi
海上运输简称海运，是使用船舶通过海
shang háng dào yùn sòng huò wù hé lǚ kè de yì zhǒng yùn shū fāng shì bāo
上航道运送货物和旅客的一种运输方式。包
kuò yuǎn yáng yùn shū jìn hǎi yùn shū hé yán hǎi yùn shū
括远洋运输、近海运输和沿海运输。

hǎi shang yùn shū lì yòng tiān rán hǎi yáng tōng dào chuán bó dūn wèi
海上运输利用天然海洋通道，船舶吨位
yì bān bú shòu xiàn zhì jù yǒu yùn liàng dà chéng běn dī děng yōu diǎn
一般不受限制，具有运量大、成本低等优点。

hǎi shang yùn shū shì guó jì jiān shāng pǐn jiāo huàn zhōng zuì zhòng yào de
海上运输是国际间商品交换中最重要的
yùn shū fāng shì zhī yī huò wù yùn shū liàng zhàn quán bù guó jì huò wù
运输方式之一，货物运输量占全部国际货物
yùn shū liàng de
运输量的80%
yǐ shàng
以上。

海上运输受地理条件限制，有时也受季节影响。

• 知识拓展 •

海上运输线由沿海岸（岛屿）装卸港口、中间港口和海上航线构成。按海洋地理空间，可分为远洋交通线、近海交通线和沿岸交通线等。

海上采油

小知识 世界最著名的海上产油区主要有波斯湾、马拉开波湖、北海和墨西哥湾。

hǎi dǐ shí yóu shì mái cáng yú hǎi yáng dǐ céng yǐ xià de chén jī
海底石油是埋藏于海洋底层以下的沉积
yán jí jī yán zhōng de kuàng chǎn zī yuán zhī yī hǎi dǐ shí yóu bāo
岩及基岩中的矿产资源之一。海底石油（包
kuò tiān rán qì de kāi cǎi shǐ yú shì jì chū shì jì
括天然气）的开采始于20世纪初，20世纪60
nián dài hòu qī huò dé tū fēi měng jìn de fā zhǎn mù qián quán shì
年代后期获得突飞猛进的发展。目前，全世
jiè yǐ yǒu duō gè guó jiā hé dì qū zài jìn hǎi jìn xíng yóu qì kān
界已有100多个国家和地区在近海进行油气勘
tàn duō gè guó jiā hé dì qū zài duō gè hǎi shang yóu qì tián
探，40多个国家和地区在150多个海上油气田
jìn xíng kāi cǎi rì chǎn liàng yǐ chāo guò wàn dūn
进行开采，日产量已超过100万吨。

• 知识拓展 •

海上采油是在海洋、海湾等水下开采原油的总称。开采方法与陆地上的采油方法基本相同。对油井及油气集输管道要求有较高的自动化程度。

近海养殖

小知识 中国海水养殖历史悠久，早在汉代之前，就进行牡蛎养殖，宋代发明了养殖珍珠法。

hǎi shuǐ yǎng zhí shì lì yòng qiǎn hǎi tān tú gǎng wān děng guó
海水养殖是利用浅海、滩涂、港湾等国
tǔ shuǐ yù zī yuán jìn xíng sì yǎng hé fán zhí hǎi chǎn dòng zhí wù de shēng
土水域资源进行饲养和繁殖海产动植物的生
chǎn shì rén lèi dìng xiàng lì yòng hǎi yáng shēng wù zī yuán fā zhǎn hǎi
产，是人类定向利用海洋生物资源、发展海
yáng shuǐ chǎn yè de zhòng yào tú jìng zhī yī
洋水产业的重要途径之一。

hǎi shuǐ yǎng zhí de yōu diǎn shì jí zhōng fā zhǎn mǒu xiē jīng
海水养殖的优点是：集中发展某些经
jì jià zhí jiào gāo de yú lèi xiā lèi bèi lèi jí jí pí dòng wù
济价值较高的鱼类、虾类、贝类及棘皮动物
rú cì shēn děng shēng chǎn zhōu qī jiào duǎn dān wèi miàn jī chǎn
（如刺参）等，生产周期较短，单位面积产
liàng jiào gāo
量较高。

• 知识拓展 •

海水养殖按养殖对象，可分为鱼类养殖、虾蟹类养殖、贝类养殖、藻类栽培和海珍品养殖等；按养殖场所，可分为浅海养殖、滩涂养殖、港湾养殖、池塘养殖、网箱养殖等。

海底隧道

小知识 海底隧道具有通行能力大，不受天气变化影响、可防空和不占用海域空间等优点。

海底隧道是在海峡、海湾和河流入海口等处的海底建造的沟通两岸的工程结构物。施工方法有：(1) 在海底的地下，采用钻机在海床上钻洞；(2) 沉埋管道，即将预制好的钢筋水泥管道铺设在海底，用特制的钢架固定在海床上。由海底段、海岸段和引道组成。

• 知识拓展 •

从工程规模和现代化程度上看，最有代表性的跨海隧道工程，莫过于英法海底隧道、日本青函隧道、日本对马海峡隧道和中国厦门翔安隧道、青岛海底隧道等。

航海史

人类在新石器时代晚期就开始了航海活动。公元15世纪是东西方航海事业大发展时期。1405~1433年，中国航海家郑和率船队七下西洋。1420年葡萄牙创办了航海学校，船长迪亚士在1487年航海到非洲最南端，发现好望角；1497年达·伽马率船队绕好望角到达印度。1492年意大利航海家哥伦布发现了美洲大陆。

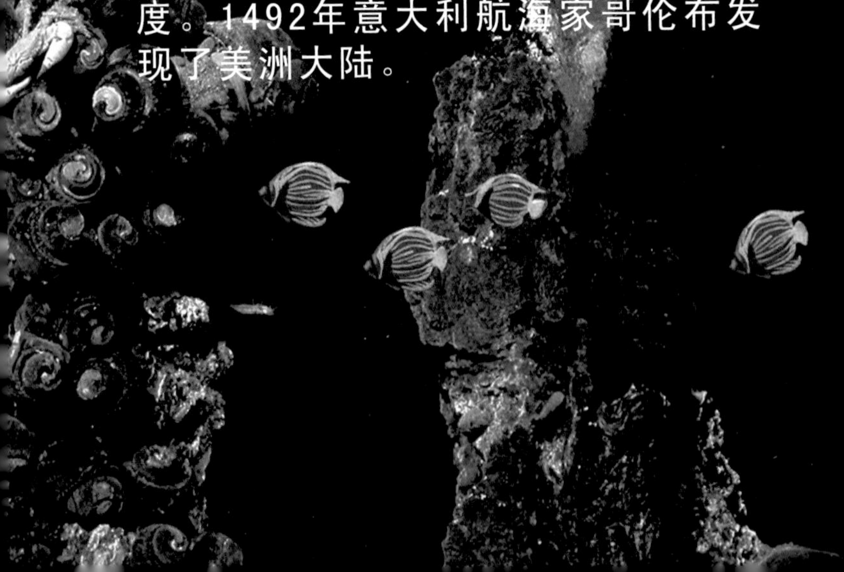

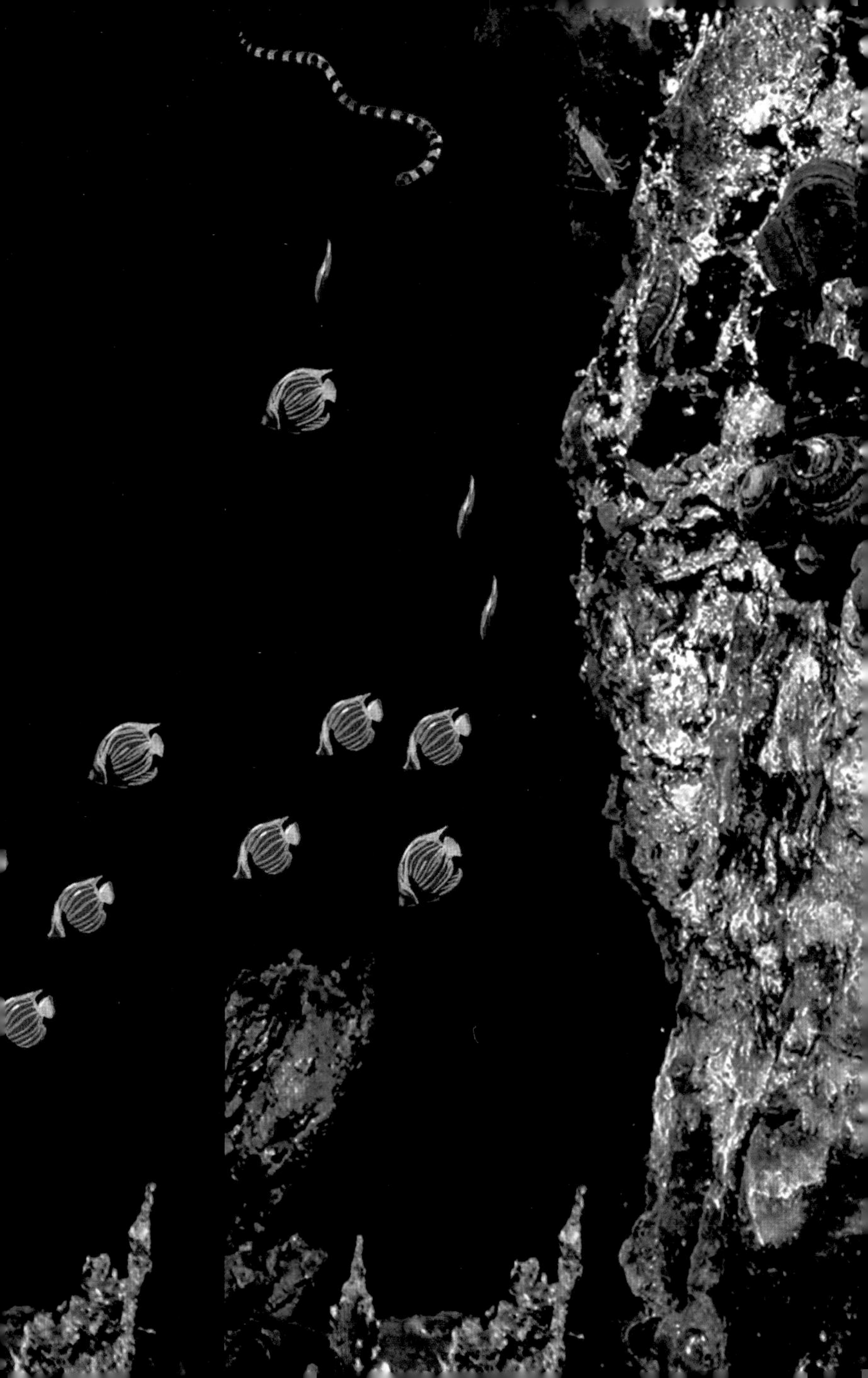

达·伽马

小知识 达·伽马为葡萄牙掠夺的东方珍品所得的纯利竟超过第一次航行总费用的60倍以上。

达·伽马是葡萄牙航海家。1497年奉葡萄牙国王之命，率领船队从里斯本启航，探索通往印度的航路。绕过非洲南端的好望角，1498年抵达马林迪。随后由阿拉伯航海家马吉德领航，同年到达印度西海岸的卡利卡特。1502~1503年第二次赴印度。1524年以葡属印度总督的身份第三次到达印度，同年死于科钦。

• 知识拓展 •

达·伽马开辟了到印度的新航路，促进了欧亚经济交流，也成为葡萄牙和欧洲其他国家掠夺亚洲国家的开端。

哥伦布

小知识 哥伦布是人类历史上最出色的航海家之一，他的成就在航海界无人能及。

哥伦布是意大利航海家，1485年移居西班牙，得到国王斐迪南二世的资助。1492年8月从巴罗斯港启航，横渡大西洋，10月抵达巴哈马群岛，继而航行至古巴、海地等岛，次年返回西班牙。后又三次西航，到达牙买加、波多黎各诸岛及中、南美洲的加勒比海沿岸地带。因误认为所到达的地方就是印度，所以称当地居民为“印第安人”。

• 知识拓展 •

哥伦布1476年移居葡萄牙，曾向葡萄牙国王建议探索通往东方的航路，未被采纳。1485年，移居西班牙，终于得到西班牙国王斐迪南二世的资助。

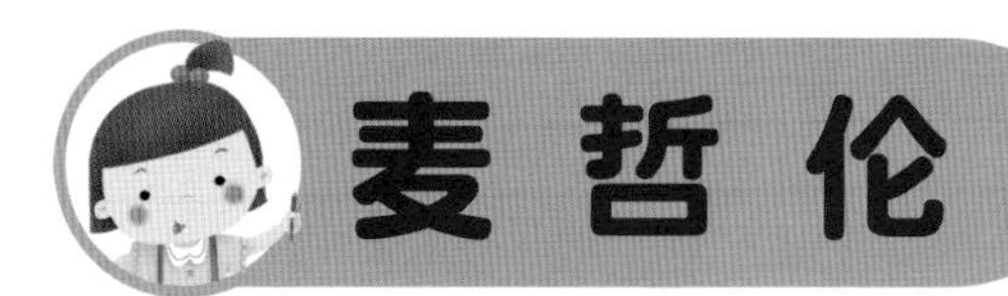

麦哲伦

小知识 麦哲伦率船队到达菲律宾后，因干涉岛民内争，被当地居民所杀。

麦哲伦是葡萄牙航海家，1517年移居西班牙。1519年奉西班牙政府之命，率船队由圣罗卡起航，越过大西洋，沿巴西海岸南下，经南美洲大陆和火地岛之间的海峡（今称“麦哲伦海峡”），入太平洋，然后继续西行，于1521年3月到达菲律宾。

• 知识拓展 •

麦哲伦所率船队中的“维多利亚”号于1522年9月返回西班牙，完成首次环绕地球的航行，从而证实了地圆说。

郑和

小知识 郑和七下西洋，促进了中国和亚非各国的经济、文化交流。

1405年，郑和率27800余人，乘“宝船”62艘，远航西洋（当时称今文莱以西的海洋为西洋）。船队从今江苏太仓东浏河镇启航，到达今越南南部、爪哇、苏门答腊、斯里兰卡等地，经印度西岸折回，至1407年返国，后又6次远航。28年间，郑和7次出洋，经30余国和地区，最远曾到达非洲东岸和红海海口。

• 知识拓展 •

郑和是明朝宦官、航海家。祖与父都到过伊斯兰教圣地麦加，幼时就对外洋情况有所了解。

海洋之最

大陆上最低的地方	死海
世界上最大的半岛	阿拉伯半岛
世界上最大的岛屿	格陵兰岛
世界上最大的群岛	马来群岛
世界上岛屿最多的海	爱琴海
世界上沿岸国最多的海	加勒比海

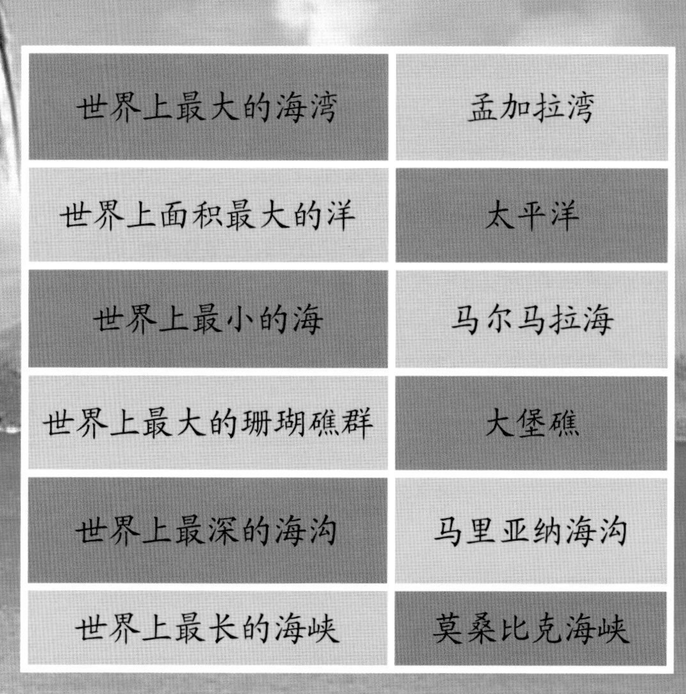

世界上最大的海湾	孟加拉湾
世界上面积最大的洋	太平洋
世界上最小的海	马尔马拉海
世界上最大的珊瑚礁群	大堡礁
世界上最深的海沟	马里亚纳海沟
世界上最长的海峡	莫桑比克海峡

图书在版编目（CIP）数据

图解海洋小百科/晨风童书编著. — 北京：中国人口出版社，2015.1
（中国儿童天天读好书系列）
ISBN 978-7-5101-3057-1

Ⅰ. ①图… Ⅱ. ①晨… Ⅲ. ①海洋－儿童读物 Ⅳ. ①P7-49

中国版本图书馆CIP数据核字(2014)第289100号

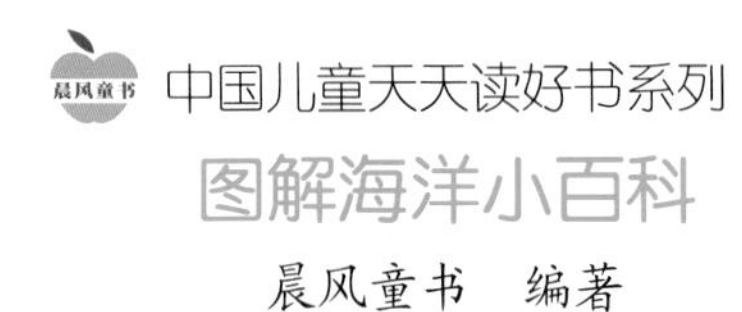

晨风童书　编著

出版发行	中国人口出版社
印　　刷	长春市时风彩印有限责任公司
开　　本	787毫米×1092毫米　1/32
印　　张	6
字　　数	120千字
版　　次	2015年6月第1版
印　　次	2015年6月第1次印刷
印　　数	1-5000册
书　　号	ISBN 978-7-5101-3057-1
定　　价	16.80元

社　　长	张晓林
网　　址	www.rkcbs.net
电子信箱	rkcbs@126.com
总编室电话	（010）83519392
发行部电话	（010）83534662
传　　真	（010）83519401
地　　址	北京市西城区广安门南街80号中加大厦
邮　　编	100054